조사방법론 강의

허명회 저

자유아카데미

조사방법론 강의

머리말

발을 살짝 들여놓는 기분으로 조사연구(survey research) 분야에 들어왔다가 10년을 훨씬 넘기면서도 세월 가는 줄 모르게 열중하였습니다. 그 동안 선거예측 · 조사검증 · 방법론 개발 등 다수의 연구 프로젝트를 통해 사회 현실에 부딪히면서, 조사연구 분야에 통계학 전공자가 기여할 바가 정말 많이 있음을 확신하게 되었습니다.

대다수의 통계학 전공 학부 및 대학원 교육에서 표본추출론(sampling theory) A와 조사자료분석(survey data analysis) B는 잘 다루어져왔으나 조사방법론(survey methodology) C는 소홀히 되어 온 감이 있습니다. 그러나 C 없이 A와 B는 빛을 보기 어렵습니다. 그런 생각에서 C에 대한 작은 책을 집필하게 되었습니다.

이 책이 오직 통계학 전공자를 위한 겁 나는 수준의 것은 아닙니다. 통계학에 문외한인 사회과학 전공자들도 이 책에서 조사방법론의 기본 개념과 기법을 자연스럽게 공부할 수 있을 것입니다. 수식이 거의 없기 때문입니다. 또한 학계 전문가들이 소홀히 하기 쉬운 현실적인 문제들을 논의에 포함시켰습니다. 할당표본추출(quota sampling)과 자원자 리스트(volunteer list)의 활용이 그런 예들입니다.

가중 리스트에서의 체계적 추출, rim 가중법, 리커트 척도 간 변환 등 일부 토픽에서 통계 언어/소프트웨어인 R을 사용하였는데 R을 꼭 알아야 이 책을 읽을 수 있는 것은 아닙니다. 그런 기법이 있다는 것을 소개하고자 하였을 뿐입니다. 그러나 이 참에 R을 배워두면 두루 좋겠습니다. R은 오픈소스의 소프트웨어입니다 (http://www.r-project.org/).

저는 수 차례 학부 및 대학원 수준에서 조사방법론을 강의한 바 있습니다. 제 경험으로는, 강의(lecture)와 논문 읽기(paper reading)를 결합하여 학습하는 것이 좋습니다. 조사방법론에서는 흥미롭고도 쉬우면서도 손에 잡히는 연구논문들이 많기 때문입니다. 논문들을 읽다보면 조사방법론 공부가 학습에 그치지 않고 새로운 연구로 이어질 수 있습니다. 또한 자연스럽게 프리젠테이션 능력을 키우게 됩니다.

이 책의 1장은 조사개론으로 학습동기를 부여하고자 하였습니다. 2장에서는 편향(bias)에 초점을 두고 (分散이 아니라) 조사에서의 오차 문제를 다루었습니다.

3장에서는 표본추출을 다루었는데 확률표본추출에 국한하지 않았습니다. 4장에서는 면대면 조사, 우편조사, 전화조사 등 전통적인 조사방식들을 포함하여 웹 조사(인터넷 조사), FGI, 공론조사, 패널조사 등을 다루었습니다. 5장에서 질문지를 측정의 도구로 다루었고, 6장에서 무응답에 대한 대처 및 한계를, 7장에서 조사결과의 보고를 논의하였습니다.

제가 그 동안 써 왔던 교재는 Biemer와 Lyberg (2003)의 *Introduction to Survey Quality*와 Groves *et al.* (2004)의 *Survey Methodology*였습니다. 본문 중에 혹시 인용이 충분하지 않은 부분이 있을 수 있습니다. 그런 경우 앞의 두 책을 참조하기 바랍니다. 관련 문헌에는 제가 그 동안 썼던 연구논문 리스트를 넣었습니다. 또한 1998년에 펴낸 《사회여론조사》에 정리된 *Public Opinion Quarterly* 논문 리스트(16편)를 넣었습니다. 논문 읽기에 활용하기 바랍니다.

출판사 홈페이지에서 이 책에 쓰인 R 스크립트와 예제 자료를 내려받을 수 있습니다. 개인적 학습에 활용하기 바랍니다.

그 동안 저자의 모든 책을 아끼고 성원해주신 많은 여러분들께 감사드립니다. 여기서 일일이 적을 수 없지만 신세를 진 모든 분들께 감사드립니다.

고려대학교 연구실에서

著者 드림

2010년 4월

차례

차례

1장. 조사 개론 Overview of the Survey

조사란 무엇인가 (What is a survey)? 조사의 기본 요소, 조사 방식과 용어, 표본의 대표성, 측정의 질, 조사 환경과 규범을 다루고 2개의 조사 사례를 소개하고자 합니다.

1. 조사란 무엇인가?

조사(調査, survey)가 무엇인지, 대다수 사람들이 어느 정도는 알고 있습니다. 언론에 조사 결과가 빈번히 보도됩니다. "최근의 한 여론조사에 따르면 충북의 세종시 원안 추진 찬성 비율은 67.1%이다". "미국 뉴욕 증시가 올랐는데 이날 정부가 발표한 실업률이 기대보다 낮았기 때문이다" 등등. 그러니 특별히 배우지 않았어도 조사 또는 통계가 무엇인지 대충 알게 됩니다.

동시에 많은 사람들은 "조사가 제대로 된 것인가?"하는 의문도 가지고 있습니다. 1,000명을 조사해서 50,000,000명의 생각을 어떻게 알 수 있지? 전화조사였다던데 사람들이 요즘 전화로 제대로 말하나? (나만해도 어제 무슨 리서치라고 전화왔길래 확 끊어버렸는데 ⋯).

2004년 4월의 총선거를 앞둔 시점에서 발생한 한 에피소드를 보도록 하지요.[1)]

> Y당은 국민참여의 정치를 내세우면서 2004년 선거에서 지역구 후보 지명에 여론조사를 활용하기로 하였다. 서울 강서을의 경우 현역의원인 K씨와 구청장 출신의 R씨가 Y당의 지명을 놓고 경합하였다. 한 민간단체 회원을 중심으로 구성된 60여명의 집행부가 약 33,000여 통의 전화를 걸어 자당을 지지하는 유권자 또는 아무 정당도 지지하지 않는 유권자 995명에게 2월 8일 공항웨딩홀에 나와 선거인단이 되어줄 것을 요청하였다. 그 중에서 310명이 경선장에 나와 후보자의 연설을 들었고 선호투표를 하였다. 그 결과 R씨가 123표, K씨가 110표를 얻었고 이에 따라 R씨가 승자가 되었다.
>
> 이 날 투표한 310명의 강서을 선거인단에는 R씨 본인과 배우자, 그리고 아들이 포함되어 있었다. 이에 대하여 R씨는 나는 내 사무실에서 아내는 집에서

1) 한겨레신문(2004/02/09, 02/14)과 매일경제(2004/02/16)의 보도기사로부터 재구성하였습니다.

각각 전화를 받아 선거인단이 되었고 40대 이하 선거인단이 모자라자 당의 집행부에서 전체적으로 전화를 다시 돌리면서 집에 두번째 전화가 걸려와 아들이 등록되었다고 설명했다.

R씨 가족 외에, 1가구에서 2명 이상이 선거인단에 뽑힌 경우가 10가구(20명)나 되었다. 또 R씨가 산다는 아파트 주민 30여 명이 한꺼번에 선거인단에 포함됐던 것으로 알려졌다.

경선을 관리했던 W씨는 60여 명의 면접원들이 강서을 전체 7만여 선의 전화를 오전 10시부터 밤 9시까지 돌렸는데 전화를 받지않는 경우가 대부분이어서 R씨와 그의 가족이 전화를 받으려고 기다렸다면 받을 확률이 대단히 높았을 것이라고 말했다.

Y당의 강서을 경선 '조사'가 R씨에 유리하게, K씨에 불리하게 되었으니까 뭔가 문제가 있었던 것처럼 보입니다. 그것이 조사로서 어떤 문제가 있는지를 분석하기 위해 이론적 논의로 들어갑니다.

조사(調査, survey)의 진정한 가치는 정확한 통계적 정보를 생산해내는 데 있습니다. '통계적 정보'와 '정확한 통계적 정보', '조사'의 말 뜻은 다음과 같습니다.

통계적 정보(statistical information)는 정보가 개인(individual)에 대한 것이 아니라 집단(group)에 대한 것이라는 의미입니다. 통계청에서 하는 調査(survey)는 통계적 정보를 만드는 데 목표가 있지만 경찰청이나 국세청에서 하는 調査(investigation)는 개인정보를 만들어 내는 데 목표가 있습니다. 두 조사는 한자로는 같지만 의미는 많이 다릅니다.

정확한 통계적 정보(accurate statistical information). 이것은 참값과의 차이, 즉 오차가 가급적 작은 통계적 정보입니다.

조사(調査)(survey)는 정량적 자료를 수집하고 이를 통계적 정보화하는 체계적인 방법입니다.

조사 또는 조사연구(survey research)는 정량적 자료(quantitative data)로부터 통계적 정보를 만드는 일련의 체계적 과정(systematic process)임을 다시 강조하고 싶습니다. 1) 수집자료가 정량적이어야 조사라고 합니다. 정량적 자료를 수집하기 위해 조사연구자는 흔히 구조화된 조사표(질문지, questionnaire)를 씁니다. 정성적 연구(qualitative research)도 훌륭한 학문적 탐구 방법이지만 조사연구의 범주에 속하지 않습니다. 2) 조사는 전체를 아우르는 데 있어 치우침이 없고 체계적인 방식으로 작업이 되어야 합니다. 특정 부분을 선호하거나 기피한다면, 상황에 맞추어 임기응변(臨機應變, adaptation to circumstances)적으로 작업이 진행된다면, 그것은 제대로 된 조사가 아닙니다. 때문에 조사는 감정과 융통성이 배제된 냉랭하고 딱딱한 방법이라고 말할 수 있습니다.

좋은 조사를 위해서 기본으로 생각하는 요소는 다음 두 가지입니다.

> **대표적 표본**(representative sample). 조사가 전체 집단의 일부를 선택하여 조사하는 경우 선택된 일부(표본, sample)는 전체를 대표할 수 있어야 합니다. 모든 개체를 조사하는 센서스(census)의 경우에도 누락과 중복이 없어야 조사의 대표성이 확보됩니다.

> **질적 측정**(qualitative measurement). 개체(응답자)로부터 얻는 자료값이 타당하고 신뢰할 수 있어야 합니다. 측정의 관점에서 최선의 질문지가 마련되어야 합니다.

이 장의 3절과 4절에서 두 기본 요소 각각을 별도로 다루겠습니다.

앞의 Y당 강서을 경선조사가 조사의 기본 요소를 충족시켰는지를 대략적으로 검토해볼까요? 크지 않은 표본인데도 한 가족의 여러 명이 포함되도록 허용한 점이라든가 눈 빠지게 기다리는 사람들이 결국 표본에 들어올 수 있었다는 점 등에서, 이 조사가 '표본의 대표성'에 적지 않은 문제가 있었다고 하지 않을 수 없습니다. 조사가 체계적으로 기획되고 진행되었다면 이런 치우침이 생기지 않았을 것입니다. 또한 자당의 지지자뿐만 아니라 아무 당도 지지하지 않는 소위 '무당파'들에게도 자당의 후보에 대한 의견을 물어 반영하였다는 것은 중요한 측정상 문제라고 아니할 수 없습니다. 한 정당에서 국회의원 후보를 내면서 실제로 대다수인 '무당파'의 의견을 따르는 것은 정당제도의 근간을 스스로 흔드는 일이 아니겠습니까?

그러면 어떻게 했어야 할까요? 이 교과에서 이런 것에 대하여 생각해보게 될 것입니다.

2. 조사방식, 모집단과 프레임

조사개체(survey unit, 응답자)로부터 자료를 어떻게 얻느냐, 즉 조사방식(survey mode)에 조사의 모든 것이 달려있다고 해도 과장이 아닙니다.

> **면대면 조사**(面對面 —, face-to-face(FTF) survey)에서는 조사자와 응답자가 얼굴을 맞 댄 상태의 질문-응답 과정으로 자료가 생성됩니다. 세종 12년인 1430년 8월 우리나라에서 농지세제 개혁에 관한 여론조사가 있었

는데 98,657명이 찬성하였고 74,149명이 반대하였다고 합니다 (중앙선데이, 2009/12/06). 면대면 조사였겠지요.

우편조사(郵便 —, mail survey)에서는 조사자가 보낸 질문지에 응답자가 스스로 답을 적습니다. 우체국 우편 뿐 아니라 전자우편을 통한 조사도 여기에 포함됩니다. 우편조사에서는 조사자와 응답자가 서로 얼굴 볼 일이 없습니다. 미국은 10년마다 인구 센서스를 하는데 모든 가구에 우편으로 조사표가 보내지고 일차적으로 우편으로 조사표를 받습니다.

전화조사(電話 —, telephone survey)에서는 조사자와 응답자가 전화로 질문-응답을 하게 됩니다. 흔히 집 전화 조사(fixed-phone survey)를 전화조사로 일컫지만 휴대폰 전화(mobile phone survey)도 전화조사입니다. 1987년 대통령 선거를 앞두고 한국 갤럽은 전화조사로써 노태우 34.4%, 김영삼 28.7%, 김대중 28.0%로 예측하였는 바, 실제 득표율은 노태우 36.6%, 김영삼 28.0%, 김대중 27.1%였습니다.

인터넷 조사(Internet survey, 웹 조사)에서는 조사자와 응답자를 인터넷이 연결해줍니다. 응답자가 조사자의 웹 사이트(Web site)에 들어가 컴퓨터 화면에 뜨는 질문에 답을 적습니다. 우리나라는 5년마다 인구 및 주택 총조사(census)를 하는데 기본적으로는 면접원이 방문하여 조사하지만 원하는 가구는 인터넷에 스스로 응답할 수 있습니다.

그 밖의 조사(other surveys). 특수목적의 전자기기가 응답자의 행태 또는 표본개체의 특성을 자동 측정하여 조사자료를 생성해내는 경우를 말합니다. 피플미터(people meter)라는 기계는 TV 시청자의 시청 채널과 시간을 자동으로 탐지하고 기록합니다. 피플미터 자료로부터 TV 시청률이 산출됩니다.

조사방식에 직결된 요소는 모집단에 대한 프레임입니다. **모집단**(母集團, population)은 조사가 목표로 하는 집단이고 **프레임**(frame)은 조사를 위한 모집단의 리스트 또는 구조입니다. 일정 지역 내 20세 이상 한국인이 모집단인 경우 면대면 조사에서는 그 지역에 존재하는 모든 거주단위가 프레임일 수 있습니다. 전화조사라면 그 지역의 인명부 전화번호부를 프레임으로 고려할 수 있겠습니다.

프레임이 잘 짜여져야 모집단의 모든 개체에 접근할 수 있습니다. 그러나 비유적인 그림 1에서처럼 모집단과 프레임이 완벽히 일치하지 않는 것이 보통입니다. 즉, 모집단의 일부인데도 프레임으로 덮어지지 않은 **과소포함**(under-coverage)과 모집단의 일부가 아닌데도 프레임에 들어오는 **과다포함**(over-coverage)이 있게 됩니다.

그림 1: 모집단과 프레임

일정 지역 내 모든 거주단위들의 리스트에는 포함되지 않은 사람들이 있습니다 (과소포함, under-coverage). 거주단위가 아닌 곳에 거주하는 사람들이 있기 때문입니다. 한편 거주단위에 거주하면서도 모집단의 일부가 아닌 사람들이 있을 수 있습니다 (과다포함, over-coverage). 외국인의 경우가 그렇습니다.

전화번호부도 과소포함과 과다포함의 문제를 갖습니다. 전화가 없다든가 전화가 있더라도 전화번호부 등재를 거부한 사람들은 전화번호부에 포함되어 있지 않습니다 (과소포함, under-coverage). 인명부 전화번호부에 번호가 실린 전화이지만 실제로는 자영업자의 업무용 전화인 경우가 있습니다 (과다포함, over-coverage).

어떤 조사의 경우에는 프레임을 잡기가 난감합니다. 일반인이 대상인 인터넷 조사의 경우가 대표적인데 무엇을 프레임으로 할 수 있는지 마땅한 방편이 없습니다. 휴대폰 조사의 경우도 그렇습니다. 지역별 일반인 전자우편 주소록이라든가 휴대폰 번호부가 있다는 이야기를 들어본 적이 없을 것입니다. 때문에 인터넷 조사와 휴대폰 조사에서는 수 차례 조사에 기꺼이 응할 자원자들을 모집하고 그들 중에서 일부를 선택하여 조사를 시행합니다. 즉, 자원자 패널을 프레임으로 간주하는 셈인데요 이래도 될까요? (4장 참조)

이와 같이 어떤 조사 방식이든 나름대로 프레임 문제를 가집니다. 문제의 심각성에서 차이가 있으므로 주의 깊은 검토가 있어야 합니다. 이 강의에서도 프레임 문제를 거듭 언급할 것입니다.

3. 표본의 대표성

소규모의 특수한 조사를 제외하면, 모집단의 모든 개체가 빠짐 없이 조사되는 조사는 현실적으로 없습니다. 센서스(census, 총조사)라고 하더라도 일부 개체는 누락되고 일부 개체는 중복됩니다. 미국 1990년 센서스의 경우 전국적으로 약 1.6%의 누락이 있었고 인종별로 차이가 있었습니다 (백인의 0.9%, 흑인의 4.4%). 그러니 센서스 자료로도 모집단을 잘 대표하지 못할 수 있습니다.

웬만한 전국규모 조사에서는 추출률이 1/10,000 정도에 불과합니다. 10,000명 중에 1명을 조사하고도 그 결과를 믿을 수 있을까요? 조사된 1명이 조사되지 않은 9,999명을 대표할 수 있나요?

조사 통계학은 확률(確率, probability)을 도입함으로써 최근 1세기 동안 크게 발전하였습니다. 기본내용은, 확률적 방법으로 표본을 추출함으로써 모집단에 대한 합당한 추론을 할 수 있다는 것입니다. 여기서 합당성의 의미는 표본오차(sampling error)의 평균적 크기를 파악할 수 있다는 것이고 그것을 제어하는 것도 가능하다는 것입니다. 달리 말하여, 확률적 방법으로 표본을 추출하는 경우 오차의 평균은 0이고 산포는 추출률이 아니라 표본 크기에 의하여 거의 결정된다는 사실입니다. 이에 따라 확률적 방법으로 추출된 표본만이 모집단 대표성을 갖는다고 믿게 되었고 조사에서 확률표본(probability sample)이 적자(嫡子)가 되었습니다.

우리나라에서도 정부통계 분야에서는 확률표본만 쓰입니다. 확률적 방법에 의한 표본추출이 모집단 대표성을 보장하는 방법이라는 통계학의 독트린을 가장 충실하게 이행하고 있습니다.

우리나라의 민간조사 분야에서 주된 조사방법인 전화조사의 경우 거의 예외 없이 할당추출(quota sampling)을 합니다. 조사는 일정 시간대에 전화번호부에 실린 번호에 전화를 걸어 응답자의 성(gender)과 연령대(age band)를 확인하여 해당 지역(region)에서 모집단 비율에 맞춘 할당(quota) 내에 있으면 조사하고 그렇지 않으면 건너뛰는 방식으로 진행됩니다. 그런데 어느 국내외 조사방법론 책을 뒤져 보아도 할당추출은 비확률 표본추출법(non-probability sampling)이라고 되어 있습니다. 그러면 우리나라 전화조사의 대다수는 사이비(似而非)인가요?

비확률 추출의 전형적인 다른 하나는 판단추출(judgement sampling)입니다. 이것은 조사자의 판단에 따라 전형적 개체(modal unit)를 선별하여 표본을 구성하는 방법입니다. 예컨대 우리나라 남성의 사회의식을 알아보기 위하여 평균 나이와 평균 학력에 소득이 중간수준인 사람들을 찾아내서 조사하는 것이 되겠습니다.

비확률적 추출방법 중에는 엉터리가 있습니다. 조사의 편의성(convenience) 때문에 그렇게 했다고 밖에 볼 수 없는 조사가 그렇습니다. 길거리 조사(street polls)가 그런 예입니다.

할당추출이나 판단추출이 비확률적 방법인 것은 사실이고 비확률적 방법 가운데 엉터리가 있는 것도 사실입니다. 그러나 비확률적 방법으로 표본이 추출된 조사라고 무조건 엉터리로 볼 수는 없습니다. 따라서 사안별로 표본추출에 쓰인 할당기준과 판단이 얼마나 합당한가가 관건이 되겠습니다.

4. 측정의 질

대다수의 조사에서는 질문지(questionnaire) 또는 조사표(survey form)를 씁니다. 측정(measurement)은 개체(응답자)의 특성을 질문지나 조사표에 자료값으로 기록하는 과정입니다. 이 과정에 문제가 있으면 그 다음엔 백 가지 처방도 소용 없게 됩니다. 두 가지 측면에서 측정에서 문제가 있는지를 검토합니다.

1) **타당성**(validity): 자료값이 그것이 나타내려던 것을 '측정'으로부터 얻어내고 있는가, 아니면 실제로는 그렇지 못한가?

2) **신뢰성**(reliability): 한 개체로부터의 자료값이 일관된 값을 취하는가, 아니면 들쭉날쭉한가?

측정의 타당성은 너무나 당연하게 생각되지만 실제에서는 엄밀하게 타당한 측정은 없습니다. 예를 들어 병원에서 환자의 체중을 재는 경우를 생각해봅시다. 겉옷을 벗고 디지털 저울에 올라가면 체중이 숫자로 나타납니다. 여기서 그 숫자가 정확한가 의문해 봅시다. 정확히 50Kg, 60Kg, 70Kg, 80Kg, 90Kg인 쇠 덩어리를 올려놓았을 때 숫자가 50.0, 60.0, 70.0, 80.0, 90.0으로 나오는지 확인해보야 할 것입니다. 체중의 정의가 몸무게에 일상복의 무게를 포함하는 것인지도 검토가 필요합니다. 계절에 따라 일상복의 무게가 달라지지 않나요? 그래도 체중과 키와 같이 순수하게 물리적인 양을 나타내는 경우는 쉬운 케이스입니다.

측정이 응답자의 판단과 기억에 의존적인 경우엔 타당성의 확인이 훨씬 어렵습니다. 예컨대 "어제 TV를 몇 시간 보았는지?"를 묻는다고 합시다. TV 시청을 어떻게 정의해야, TV를 보면서 식사를 한 경우, TV를 보다가 잠에 든 경우, 집이 너무 적막해서 TV를 켜 둔 경우 등에 제대로 적용될 수 있을까요? 상당히 어려운 문제가 아닐 수 없습니다. 또한 질문자가 누구인지에 따라 응답자가 달리 답할 수 있지 않은가도 생각해봐야 합니다. 여러분의 부모가 여러분(학생)에게 어제 TV를 몇 시간 보았는지를 묻는 경우에서의 응답과 여러분의 친구가 여러분에게 어제 TV를 몇 시간 보았는지를 묻는 경우에서의 응답은 다를 수 있습니다. 즉, 동일 질문에 대한 응답이 특정 상황에서 왜곡될 가능성이 있다면 그런 측정은 타당성의 측면에서 검토가 필요합니다.

한 개체로부터는 1개 자료값이 나와야 이상적입니다. 그러나 아날로그 체중계의 경우에는 어떻게 보느냐에 따라 눈금이 달리 읽힐 수 있습니다. 디지털 체중계는 그렇지 않습니다. 그러므로 디지털 체중계가 아날로그 체중계보다 신뢰성의 측면에서는 더 낫습니다. 그렇다고 디지털 체중계가 아날로그 체중계보다 더 정확하다는 의미는 아닙니다. 디지털 체중계가 타당성의 측면에서 심각한 문제가 있을 수 있기 때문입니다.

모든 시험에는 운(運)이 따릅니다. 예컨대 택일형 문제에 대하여는 우연히 맞출 수도 있습니다. 연이어 2-3개의 택일형 문제를 우연히 맞출 수도 있습니다. 때문에 모든 응시자의 시험성적은 어느 정도의 산포를 가집니다. 그렇다고 시험성적에 신뢰성이 없다고 말할 수는 없습니다. 다만 신뢰성이 완벽하지 않은 것입니다.

측정의 타당성과 신뢰성은 조사자료의 질에 결정적 역할을 합니다. 5장에서 질문지를 사용한 측정에서의 문제를 보다 깊숙하게 다루겠습니다.

5. 조사 환경과 규범

사회(社會, society)는 살아 움직이는 유기체입니다. 한 사회는 구성원과 함께 끊임없이 변화합니다. 이에 따라 한 시기에서 잘 통하던 조사방법과 규범이 다른 시기에서는 큰 오류를 낼 수 있습니다. 일본에서 쇼군이 통치하던 막부 시절에는 수확량 조사에 응하지 않거나 부실한 응답을 하는 경우 사무라이 조사원이 농민 응답자를 즉결 처형하였습니다. 요즘은 어떤가요? 국가 공무원인 통계청 조사원조차도 타워나 캐슬 등의 이름이 붙은 고급 주거단지에는 접근이 어렵다고 합니다. 면접원이 설혹 접근한다고 하더라도 문전박대가 예사라고 합니다.

조사환경의 측면에서는 1인 가구의 증가, 맞벌이 부부의 증가와 개인주의 성향 등이 현대사회의 주요한 특성입니다. 예전에는 1인 가구가 매우 특이한 경우였습니다다만, 우리나라에서도 2005년 기준 1인 가구의 비율이 20%를 넘어섰습니다. 그리고 예전에는 여성은 결혼 후 대개 집에서 살림을 하였습니다만, 요즘은 많은 여성이 결혼 후에도 직장에 다닙니다. 당연히 평일 낮에는 아무도 집에 있지 않습니다. 가구방문 면접이 어렵고 전화로도 통화가 어렵습니다.

개인주의화는 사생활권(私生活權, privacy)의 가치와 기밀보호(機密保護, confidentiality)의 필요성이 제고되는 결과를 낳았고 이에 따라 사회 구성원들이 각종 통계조사를 경계하게 되었습니다. 이제는 일반인이라도 자기와 직접적 관련이 없고 자기에게 구체적 이득이 없는 사회조사를 위해 자신의 개인시간을 5분조차 소비하길 싫어합니다. 개인의 의견을 드러내는 것이 개인정보를 노출시키는 것으로 혼동되기도 합니다. 통계조사를 위장한 전화 마케팅(telemarketing)이 그런 혼란을 야기시켰습니다.

통계조사자에게 현대사회의 이러한 추이는 조사 여건의 악화를 의미합니다. 예전과 같이 가구방문을 하여 응답을 받는다는 것이 정말 쉽지 않게 되었습니다. 전화를 해도 부재 중 비율이 60%를 넘고 통화가 된다고 해도 "이런저런 통계조사를 하는데요, ⋯"하는 순간 수신자의 50% 이상이 전화를 끊습니다.

그럼에도 불구하고 현대사회에서 통계조사의 가치는 더욱 커지고 있습니다. 현대사회의 복잡성(complexity)은 더욱 사회적 정보의 필요성을 증가시킵니다. 국가, 기관과 기업에서 더 많은 사회적 정보를 요청하고 있습니다. 시간과 비용이 들더라도 무엇을 알고나서 일을 하는 것이 모르는 상태에서 일을 하는 것보다 훨씬 낫기 때문입니다. 이처럼 사회적 정보가 갖는 부가적 가치는 지속적으로 상승하고 있습니다.

어려운 여건에서 좋은 정보를 만들기 위해서는 조사 방법론의 개선과 변화가 요구됩니다. 과거에는 좋은 방법론이었다고 하더라도 현재와 미래에서는 그렇지 않을 수 있습니다. 변화하는 사회에 맞추어 방법론이 따라 변하지 않으면 안됩니다. 이를 위해 방법론적 연구가 필요합니다. 여러분들이 이 교과를 공부하는 이유가 여기에 있습니다.

한편으로 통계조사자가 지켜야 할 윤리적·직업적 규범이 있습니다. 중요한 것 두 가지를 든다면 하나는 조사대상자에 대한 책임이고 다른 하나는 조사결과의 공표 시 의무입니다. 법적 의무도 있습니다. 우리나라 통계법 제33조는 다음과 같이 조사자에게 비밀보호의 의무를 지우고 있습니다.

1) 통계작성과정에서 알려진 사항으로서 개인 또는 법인이나 단체의 비밀에 속하는 사항은 보호되어야 한다.

2) 통계의 작성을 위하여 수집된 개인이나 법인 또는 단체 등의 비밀에 속하는 자료는 통계작성 외의 목적으로 사용되어서는 아니 된다.

조사대상자에 대한 책임으로는 다음과 같은 것들이 있습니다 (한국조사연구학회 조사윤리강령 제6조).

1) 조사자는 조사대상자에게 응답을 강요하지 않고 기만하는 행위를 하지 않으며 모욕하여 수치심을 유발하는 수단과 방법을 사용하지 않는다.

2) 조사자는 조사대상자의 사생활을 존중하고 익명성을 보장해 주어야 한다.

3) 조사자는 조사대상자가 자유의사로 조사를 거절하거나 도중에 중단할 수 있는 권리를 존중한다.

4) 조사자는 연구를 가장해서 판매나 정치적 선거운동과 같은 다른 행위를 하거나 자신들의 연구를 거짓으로 기술해서는 안 된다.

5) 조사자는 적법한 절차에 의한 조사결과를 사용할 때도 조사대상자의 비밀을 보호하는 윤리적 의무를 준수해야 한다.

예컨대 선거에서 조사를 가장하여 선거구내 개별 가구들의 지지정당 정보를 얻어내어 특정 정당을 위해 활용한다면 이는 조사윤리 강령을 위반하는 일이 됩니다.

조사결과의 공표 시 조사자는 다음 사항들을 명확히 밝혀야 합니다 (한국조사연구학회 조사윤리강령 제3조).

> 조사자, 조사의뢰자, 조사목적, 조사시기, 조사장소, 모집단과 프레임, 표본크기 및 산정방법, 표본추출방법, 조사방법(면접조사, 전화조사, 우편조사, 인터넷조사 등), 질문지(질문내용), 재통화·재방문·재발송 횟수, 표본대체 규칙, 응답률, 표집오차, 가중치 부여 방식, 기타 조사 및 분석 절차에 관한 사항.

조사자에게 이렇게 많은 사항들을 밝혀야 할 의무를 지우는 이유는 간혹 불순한 의도에 의하여 편향된 통계적 정보를 흘리는 사람들이 있기 때문입니다. 일정한 수준이 안되는 통계적 정보가 사회에 유통되는 것을 막기 위해서는 위와 같은 규제가 필요합니다만 실제로 위의 사항들이 모두 공표되는 조사는 드뭅니다.

앞의 16개 사항 중 일부를 현실에 적용하면 다음과 같습니다. 대부분의 우리나라 전화조사에서는 응답률이 20%를 넘지 않습니다. 많은 전화조사 결과들이 응답률 없이 공표되는데 이는 조사윤리 강령을 위반하는 일입니다. 조사표본을 균형화하기 위하여 가중치를 써서 조사결과를 보정하는 경우엔 가중치 부여 사실을 밝혀야 합니다. 조사표본이 모집단과 차이를 보여 가중치로써 조사결과를 보정해야 할 상황에서 그렇게 하지 않았다면 그 이유와 사실을 밝혀야 합니다.

조사자에게 앞의 모든 사항들을 공표하라는 또 하나의 이유는 그런 정보가 있어야 조사결과의 품질(quality)을 가늠할 수 있기 때문입니다. 같은 숫자라도 품질에 차이가 있을 수 있습니다. 그렇다면 앞의 16개 사항들이 자료의 질을 평가하는데 왜 중요할까요? 이 교과를 통해 그 이유를 알 수 있을 것입니다.

AAPOR(American Association for Public Opinion Research), CASRO(Council of American Survey Research Organizations), ESOMAR(European Society for Opinion and Marketing Research)와 같은 국제적인 조사기관 협의체들과 한국조사협

회(KORA, Korea Research Association)도 모두 나름대로의 직업 윤리와 규범을 표방하고 있습니다. 시간이 되면 이들 협회들의 웹 사이트를 순방해보길 바랍니다.

6. 조사 사례

조사방법론 공부에서는 이론 못지않게 사례가 중요합니다. 사례를 통하여 조사에 대한 감각을 키울 수 있습니다. 또한 관련 분야의 으뜸 사례(best practice)와 비교해봄으로써 조사의 질을 높이기 위하여 나가야 할 지향점을 찾을 수 있습니다. 이 절에서는 통계청의 경제활동인구조사 사례와 AGB닐슨 · TNS미디어코리아의 TV 시청률조사 사례를 소개합니다.

경제활동인구조사

통계청의 경제활동인구조사는 고용동향을 파악해내는 조사입니다. 이로부터 실업률이 나오는데 통계청 홈페이지(2009/12/17)에서 보도자료 '2009년 11월 고용동향'을 클릭해보니 2009년 11월의 실업률이 3.3%로 전년동월대비 0.2%p 상승하였다고 나옵니다.[2] 이 조사의 목적은 "국민의 경제활동 즉 취업·실업 등과 같은 경제적 특성을 조사하여 ⋯ 정부의 고용정책입안 및 평가에 필요한 기초자료를 제공"하는 데 있다고 합니다 (`http://kostat.go.kr/`). 그러면 취업과 실업에 대한 정의를 명확히 알아야겠군요. 아래 분류를 보세요.

15세 이상 인구

1) 경제활동인구
   - 취업자: 수입을 목적으로 일한 자,[3] 무급 가족종사자,[4] 일시휴직자
   - 실업자: 신규실업자, 전직실업자

2) 비경제활동인구

모집단은 현역군인과 공익근무 등을 제외한 15세 이상 인구입니다. 이들을 경제적 활동이 가능한 인구로 보는 것입니다. 이를 '경제활동인구'와 '비경제활동인구'로 구분하고 이 중 '경제활동인구'를 다시 '취업자'와 '실업자'로 구분하는 구조입니다. 대략 경제활동인구가 24,000,000명 (취업자 23,000,000명, 실업자 1,000,000명)

2) 경제지표로서 가장 중요한 두 가지는 소비자물가지수와 실업률입니다. 주식시장도 두 지표에 민감하게 반응합니다.

3) 1주에 1시간 이상

4) 1주에 18시간 이상

이고 비경제활동인구가 15,000,000명입니다. 비경제활동인구의 대표적인 경우는 고교생과 대학생, 은퇴자, 비취업/비실업 주부이겠습니다.

표본은 약 32,000 가구로 구성되는데 표본가구의 선정은 다음과 같습니다. 미리 말해두건대, 상당히 전문적입니다.

> 2005년 인구주택 총조사에서 쓰는 조사구 중에는 1/10 쯤으로 정해진 확대조사 구역이 있는데 그 수가 26,500개 정도 됩니다. 거기에 총조사 이후 신축된 아파트 단지의 1/10 쯤에서 조사구 500개를 만들어 추가하면 총 27,000개 정도의 조사구가 형성됩니다. 그 가운데 1,600개를 선정합니다.
>
> - 전국 7대 도시(특별시, 광역시), 9개 도(道)의 동(洞)부와 9개 도의 읍면(邑面)부를 층(層, stratum)으로 상정하여 각 층에서 골고루 조사구가 뽑힐 수 있게 합니다.
> - 각 층 내에서 조사구 선정은 확률비례 추출로 합니다 (가구 수 기준).
> - 뽑힌 조사구 내에서 4개 구역(약 20개 인접 가구)을 선정합니다.
> - 따라서 표본 가구 수는 32,000개(=1,600 * 20) 정도가 됩니다.

조사방식은 면접원이 표본 가구를 방문하여 면접과 동시에 PDA에 내장된 전자조사표에 응답을 써넣는 방식을 씁니다. 부재가구 등 면접이 어려운 경우에는 전화 면접 또는 자기기입식 질문지 응답을 받습니다.

이 조사는 매달 시행됩니다. 조사 대상기간은 매달 15일이 포함된 일주일(일, 월, ⋯, 토)입니다. 표본은 매달 1/36 정도가 교체됩니다. 그러므로 한 번 표본에 선정되면 3년 정도 조사받게 됩니다.

나이가 15세이면 중학교 3학년 정도인데 경제적 활동이 가능한 것으로 보는 것이 맞는지, 80세 이상 노인도 노동이 가능하다고 볼 수 있는지, 실망 실업자와 취업 준비생은 실제로 비경제활동인구로 분류되므로 실업률에 반영되지 않는 문제 등등에 대하여 의문을 제기할 수 있겠습니다. 그러나 현재 방식이 국제적 기준이라고 합니다. '국제적 기준'이라니 할 말이 없습니다만 우리 실정에 맞지 않는 측면이 있긴 하군요.

매달 32,000 가구 정도 조사하니까 엄청난 것 같아도 실제로는 1,600개 구역이 조사되므로 언뜻 보기보다는 덜 엄청납니다. 이에 따라 조사업무가 꽤 효율적일 것으로 예상할 수 있습니다. 이와 같은 표본추출 방법을 **층화집락추출**이라고 하는데 이후 3장에서 설명할 것입니다.

가구방문면접 방식이므로 부재가구가 문제가 되겠습니다. 그런 경우엔 전화를 한다든가 면접원이 조사표를 가구에 두고와서 나중에 수거해가는 방법이 쓰입니다만 그래도 조사기간 내 접촉이 불가능한 가구도 있겠습니다. 그런 가구는 전체의 약 2% 정도라고 합니다. 이 정도면 놀랍게 작은 수준입니다.

소수이기는 해도 이들 무응답 가구에 대해 적절한 보정 처리를 할 필요가 있습니다. 현재 통계청에서 쓰는 방법은 콜드 덱(cold deck) 방법과 핫 덱(hot deck) 방법입니다. 여기서 덱(deck)은 게임카드 뭉치를 말하는 용어로서 무응답 가구의 고용실태를 동일구역 내 응답가구들의 지난 달(月) 및 현재 달(月)의 조사기록으로 대체하는 방법입니다.

조사가구에 대한 약간의 보상이 있습니다. 그렇다고 하더라도 조사원이 감내하는 수모는 말도 못합니다. 다음은 통계청 홈페이지에서 따온 한 조사원의 증언입니다.

- 처음 조사원 생활을 하면서 업무를 맡은 곳은 대구시내 중심가 주택가인 동인동. 떨리는 마음 반, 두려운 마음 반으로 선배의 뒤를 따라간 곳은 대구의 중심가답게 마당 넓은 정원에 잔디가 있고 생활의 여유가 묻어나는 상류층 동네였다. 첫 가구부터 한 집 한 집 벨을 눌렀으나 거의 부재 중이라 몇 사람 만나지 못하고 조사구 위치를 익히는데 만족하고 돌아서야 했다.

- 며칠 후, 혼자 방문하여 처음 벨을 누른 집은 어느 회사의 회장님 댁이었다. 부부만 거주하는 집으로 조금 불응하는 집이라 했다. 솔직히 벨을 누르는 것부터 겁이 났다. 그냥 지나칠까도 생각했다. 그러나 처음 일을 시작하면서 인사는 해야겠기에 낸 용기였다. - 딩동! - "누구세요?" "네! 안녕하세요. 통계청 인구조사하는 사람입니다. 잠시 문 좀 열어주세요." "아니, 저번에 분명히 안하겠다고 말했는데 왜 또 왔어요? 응? 저번에는 남자, 여자가 3-4명 떼거지로 와서는 날 협박하는 것도 아니고 필요 없다고 나는 안한다고 했는데 왜 또 와서는 귀찮게 하는 거야! 지금 뭐 하자는 거야? 다시는 오지 마세요!" - 탕! - 대문을 열고 나오나 싶었는데 내가 말 할 틈도 없이 할 말만 하고는 문을 닫고 들어가 버리셨다. 황망하니 멍하기만 하였다. 그렇게 그냥 퍼붓고 돌아서는 아주머니께 더 이상 벨을 눌러 조사해 달라고 할 수가 없어 나는 그냥 돌아섰다.

- 다음 달, 또 그 가구의 벨을 눌러야 하는 내 맘은 무겁기 그지없었다. '아! 오늘은 또 어떡하지? 조사는 해야 하는데... 어쩔 수 있나... 그냥 부딪혀봐야지.' 지난 달 왔던 통계청 직원이라고 말하고 몇 가지만 물어보겠다고 했다. 잠시 말이 없으시던 아주머니께서 그냥 거기서 물어 보라신다. 그렇게 경제활동인구조사 항목은 대문의 인터폰을 통하여 조사할 수 있었다. 가계조사 대상가구였으나 가계부 얘기는 꺼내지도 못했다. 돌아서는 마음이 괜스레 서글펐다. 그래도 공무원인데 ....

- 또 다음 달, "안녕하세요. 통계청 직원입니다. 또 왔습니다. 문 좀 열어주세요." "저번하고 똑같은데 뭐 하러 왔어요. 똑같으니까 그냥 가세요."
- 또 그 다음달, "안녕하세요! 통계청입니다. 잘 지내셨어요?" "···" 잠시 아무 대답이 없더니, -찰칵!- 하며 대문이 열렸다. 굳게 닫혀 열리지 않을 듯하던 대문이 열린 것이다.

점차 조사 대상자의 마음이 열리는 것을 볼 수 있습니다. 사람 심리란 그런 것입니다. 그러면 조사 응답자는 어떤 생각을 할까요? 다음은 통계청 홈페이지에서 따온 한 응답자의 증언입니다 (가계조사).

- 결혼한 지 올해로 2년째, 남편과 딸아이 이렇게 세 식구가 행복하게 생활하고 있었습니다. 초여름으로 접어들었을 때 통계청 직원이 방문하여 통계자료에 필요한 전자가계부 작성가구로 선정되었다는 얘기를 들었습니다. 나름대로 가계부를 작성하고 있던 저는 누군가에게 저의 가계부를 보여준다는 게 별로 반갑지 않고 부담스럽다는 생각이 들었습니다. 그렇지만 우리나라 통계자료에 저의 조그만 노력이 큰 도움이 된다는 말에 하기로 결정을 했습니다. 물론 월 오만 원의 사례비와 두 달마다 지급되는 답례품도 마음의 결정에 영향을 주었지만 그보다 저에게 직장생활은 아니지만 집에서 또 다른 책임감을 가지고 일을 할 수 있어 좋았습니다.
- TV를 시청하다 뉴스시간에 통계청자료에 의한 뉴스 내용이 방송되면 귀가 솔깃해지고 왠지 모르게 어깨가 으쓱해지고 더욱 관심 있게 시청하게 되었습니다. 전엔 아무생각 없이 통계청관련 뉴스를 시청하곤 했는데 이런 자료들이 우리가 이렇게 도움 준 자료들을 활용한다는 것을 알게 되었습니다. 다시 한번 이 일을 잘 했다는 생각과 자부심이 들었습니다.
- 아참, 사례비로 받는 오만 원 말이죠, 남편 모르게 적금을 넣었습니다. 저만의 비자금 말이죠. 목돈으로 만들어지면 저만을 위한 무언가를 할 생각입니다.

시간이 되면 통계청 홈페이지에 들어가 통계조사 체험사례와 통계조사 응답자 수기를 몇 개 읽어보세요. 조사 현장감을 느낄 수 있을 것입니다. 통계조사는 조사가 이뤄지는 현장이 매우 중요합니다. 아무리 잘 설계된 통계조사라도 현장에서 죽을 쓰면 실패합니다.

통계조사에서 중요한 것이 조사자와 응답자 간 심리적 상호작용입니다. 이것에 소홀하면 조사 거절률이 높아지고 응답자료가 부실해지며 어떤 식으로 자료를 보정하더라도 조사결과가 부정확해집니다. 이 교과의 다음 장에서 이 주제를 다루겠습니다.

TV 시청률 조사

우리나라에서는 시청률조사가 1991년 시작되었고 2009년 현재 AGB닐슨미디어리서치와 TNS미디어코리아에 의하여 시청률자료가 만들어지고 있는데 사람들의 관심이 많습니다. 뿐만 아니라, 3조원 정도 되는 돈이 광고주로부터 방송사에 배분되는 과정에서 시청률이 중요한 역할을 합니다. 최근 신문을 검색해보니 이런 기사가 나옵니다. "AGB닐슨미디어리서치가 MBC에서 방영중인 '선덕여왕' 50회를 맞아 분석한 시청률 자료에 따르면 '선덕여왕'은 1회부터 50회까지 평균 시청률 33.7%를 기록, 올해 방송한 모든 프로그램 중 평균 시청률 순위 정상에 올랐다". 우리나라 3개 가구 중 1개 가구가 선덕여왕을 본 셈이군요. 고현정의 힘이 대단합니다.

TV 시청률은 소위 피플미터(people meter)라는 첨단 전자기기를 써서 측정합니다. 피플미터는 가구 내 고정된 TV에 부착되는 시청 측정장치인데 이 기기는 튜닝 채널을 전자적으로 자동 인식해냅니다. 그러니 TV를 보면서 일일이 시청채널을 기입해야 했던 일기(日記, diary)식 조사법과는 차원이 다릅니다. 그렇지만 피플미터도 시청중인 가구원 정보는 전적으로 표본 가구원의 수동 입력에 의존합니다. 그림 2에서 피플미터가 장착된 가구에서 어떻게 TV를 시청하는지를 보세요.

표본 가구원은 시청을 시작하면서 핸드셋의 개인 버튼을 눌러야 하며 시청을 종료하면서 핸드셋의 개인 버튼을 해제시켜야 합니다. TV를 한참 보았는데 개인 버튼을 누르지 않고 본 경우 그 가구는 TV를 시청한 것으로 간주되지만 아무도 TV를 보지 않는 셈이 됩니다. 이와 같이 인간 행동적 요소 때문에 피플미터 조사는 표본 가구원의 조사규칙 준수 정도에 의하여 조사자료의 질이 영향을 받습니다.

표본가구 내 시청기록은 파일로 저장되었다가 매일 이른 새벽에 조사회사 주컴퓨터에 전송됩니다. 조사회사는 이 기록들을 모아 조사자료를 구축하고 집계·분석 프로

그림 2: 가구 내 피플미터와 핸드셋 (http://www.barb.co.uk)

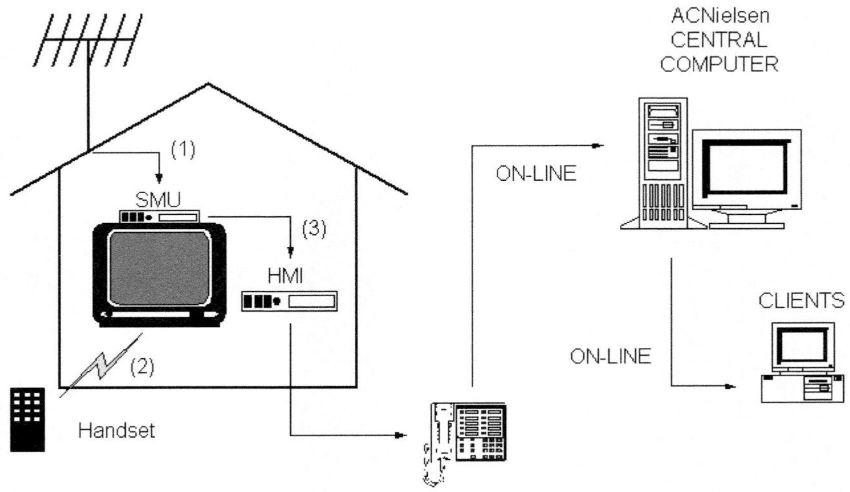

그림 3: AGB닐슨의 피플미터 시스템

그램을 돌려 리포트를 작성합니다. 그리고 그 리포트는 방송사와 광고주, 광고대행사로 직행합니다. 매일, 그것도 오전 9시 이전에. 그림 3에서 한 조사회사의 피플미터 시스템을 보세요.

따라서 1년 365일 TV가 방송되는 모든 날에 대하여 조사 보고서가 발간되는 셈입니다. 생각해보세요. 표본크기 2,000 정도라면 1회 조사하는 것도 쉽지 않은데 매일 그런 조사를 하는 셈이라는 것을 $\cdots$. 피플미터에 의한 TV 시청률조사는 전자적 측정장치와 컴퓨터, 그리고 전자통신 기술로 탄생한 최첨단 조사방법입니다.

피플미터가 설치된 가구 수는 각 조사회사당 2,000여 가구인데 어떻게 이들 가구들이 표본으로 선정되었나를 봐야겠군요. 첫번째 단계로 기초조사(establishment survey, elementary survey)를 합니다. 이 조사는 전국 가구들의 시청 환경과 시청과 관련 있는 인구사회적 정보를 얻는 데 목표가 있습니다. 즉, 집에 몇 대의 TV가 있는지, 케이블 채널이 시청가능한지, 가구원은 몇 명인지, 그리고 성과 나이 등을 묻습니다. 이 조사는 매년 실시되고 전화로 시행됩니다. 1회 조사의 표본 크기는 보통 20,000 이상입니다.

두 번째 단계로 기초조사 응답가구 가운데 일부를 표본으로 뽑습니다. 이때 표본의 대표성을 위하여 지역, 가구원 수 등의 인구사회적 변수와 가구 내 TV 댓수, 케이블 가입 여부 등 TV 시청환경에 관한 변수들이 고려됩니다. 조사회사는 표본으로 선정된 가구들을 최대한 설득하여 피플미터를 설치합니다. 피플미터가 설치된 가구들을 패널(panel)이라고 하는데 패널 가구원들은 피플미터 핸드셋을 어떻게 작동시키는지 교육을 받습니다. 한번 패널 가구가 되면 정기적으로 사례품을 받습니다. 조사에 부실하게 응하는 경우엔 도중에 교체될 수 있습니다만 그렇지 않으면 패널가구는 최대 3년 동안 조사됩니다.

TV 시청률은 방송사와 광고주 등에게는 민감한 자료라서 지난 2000년부터 검증 협의체가 9년간 검증한 바 있습니다. 검증에서 지적된 몇 가지 사항들을 아래에 열거해보기로 하겠습니다.

첫째, 모집단 관련 사항입니다. 현재 시청률조사 대상지역은 서울, 부산, 대구, 인천, 광주, 대전 등 대도시와 수도권, 중소도시 등으로 되어 있습니다. 말하자면 소도시와 농어촌 지역이 제외되어 있습니다. 이렇게 된 배경에는 구매력이 큰 집단에 대해 더 알고 싶어하는 광고주들의 요구가 있고 한편 조사회사의 입장에서도 밀집된 지역에서 조사하는 것이 쉽다는 편의적 고려를 하였던 것으로 보입니다. 그렇지만 이것은 원칙에 어긋납니다. 전국 모든 가구가 대상으로 되어야 편향되지 않은 시청률이 나옵니다.

둘째, 기초조사를 전화로 함으로써 생기는 문제입니다. 우리나라의 대다수 전화조사에서 프레임은 전화번호부인데 등재율이 말이 아니게 낮습니다. 서울의 일부 지역에서는 40% 정도이고 전국적으로도 60% 미만입니다. 그러므로 전화번호부에 등재되지 않은 가구들은 표본에 잡히지 않게 됩니다. 또 하나의 문제는 응답률입니다. 워낙 낮 시간대에는 비어있는 집들이 많아서 한 번 전화를 걸어서는 통화 성공률이 10% 정도에 그칩니다. 그러므로 성공률을 높이기 위하여 시간대와 요일을 달리하여 3회 정도 재통화(call-back)를 합니다. 일단 통화가 되었다 해도 조사를 거절하는 사람들이 상당히 많습니다. 갖은 노력을 해도 응답률은 겨우 40% 될까말까 합니다. 첨언하자면 이 정도의 응답률 수치가 우리나라 전화조사로선 한계값입니다. 시청률 검증기구에서 강력 요구하여 조사 회사들이 매우 노력해 얻은 결과입니다.

셋째, 패널 수락률입니다. 아까 말한 대로 기초조사 응답가구 가운데 여러 기준에 맞는 가구를 확률추출하여 조사 패널(survey panel)로 지목하게 됩니다. 그러나 대상가구가 싫다고 저항하는 경우가 태반입니다. 조사의 중요성을 아무리 강조해도, 거기에 사례품으로 보상한다고 해도 하여튼 싫다는 데야 어쩌겠습니까? 그러나 쉽게 패널 수락을 하는 가구와 절대로 패널에 들어가지 않겠다는 가구 사이에는 TV 시청 행태에서 차이가 있을 수 있기 때문에 패널 수락률이 높아야 합니다. 하지만 현재는 패널 수락률이 25%를 넘지 못합니다.

마지막으로, 패널 가구원들의 조사 협조도입니다. 패널 가구원들은 TV 시청을 시작하면서 개인 버튼을 누르고 TV 시청을 종료하면서 개인 버튼을 꺼야 하는 것이

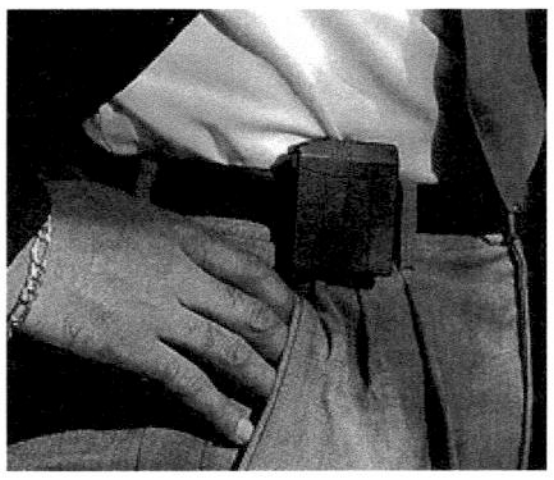

그림 4: Arbitron사의 Portable People Meter

조사 규칙입니다. 그러나 그것을 매일 틀리지 않게 한다는 것이 어디 쉬운 일인가요? 조사회사는 패널 가구원들을 수시로 교육하고 개인별 시청 기록을 검토하여 조사 협조도를 일정 수준 이상으로 유지하고자 끝없이 노력합니다.

이상으로 TV 시청률 조사에 대해 알아보았습니다만 시간이 되면 우리나라에서 시청률을 만들어내는 AGB닐슨미디어리서치와 TNS미디어코리아의 홈페이지를 방문해보길 바랍니다(http://www.agbnielsen.co.kr/, http://www.tnsmk.co.kr/). 시청률 조사의 대상과 방법, 그리고 기기에 대하여 보다 상세한 정보를 얻을 수 있습니다. 참고로 두 회사의 피플미터 기기는 다소 차이가 있습니다.

미디어 환경은 IT 기술의 발전에 따라 급속하게 달라집니다. 10년 전에는 피플미터에 의한 TV 시청률이 획기적으로 보였지만 지금 시점에서는 한계점을 드러내고 있습니다. 대표적인 것이 가구 외 시청과 녹화 시청, 인터넷 동영상 시청 등입니다. 이런 시청행태에 대해서는 피플미터가 속수무책입니다. 이에 대한 대응으로, 미국의 Arbitron 사는 Portable People Meter(PPM)라고 하는 기기를 만들었는데 이것으로는 가구 외 TV 시청을 측정할 수 있고 라디오 청취율도 산출할 수 있습니다(http://www.arbitron.com/). 그림 4에서 PPM을 보세요. 하루 종일 허리에 차고 다니면 기기가 전파를 자동으로 인식하여 기록합니다. 그리고 잠 들기 전에 충전기에 꽂으면 기기가 하루의 개인 기록을 조사회사에 자동 전송합니다. 2009년 현재 미국의 일부 지역과 싱가포르에서 활용되고 있습니다. 우리나라에서는 라디오 청취율을 아직까지 일기(diary) 방식으로 조사하고 있습니다.

질문/문제

1. 양질의 조사를 위한 기본 요소로 어떤 것들이 있습니까?
2. 모집단 프레임(frame)이란 무엇입니까? 프레임의 과소포함과 과다포함이란 무엇입니까?
3. 비확률 표본추출에는 어떤 것들이 있습니까?
4. 측정에서 타당성과 신뢰성은 어떤 개념입니까?
5. 최근 우리 사회는 조사여건이 어려워지는 추세에 있습니다. 그 원인은 무엇입니까?

2장. 조사에서의 오차 Errors in Surveys

조사의 과정에서 불가피하게 오차가 발생합니다. 이 장에서는 두 단계의 추측(推測, inference), 응답자 심리, 조사 오차의 크기, 조사표본의 왜곡과 보정 등의 이슈를 다루겠습니다.

1. 조사 과정

조사는 몇 개의 과정으로 구성되어 있습니다. 이에 따라 조사의 오차를 살펴볼 때도 과정, 즉 프로세스에 중점을 두어 살펴봅니다. 다소 늦은 감이 있지만 조사과정(調査過程, survey process)을 정리하기로 합니다.

1) 기획(planning)
2) 질문지(questionnaire)
3) 표본추출(sampling)
4) 실사(field work)
5) 자료분석(data analysis)
6) 보고서(reporting)
7) 평가(evaluation)

1번 기획에서는 조사의 목표를 정하고 이를 명료하게 문장화합니다. 모집단과 프레임을 염두에 두면서 조사방식을 정합니다. 표본의 규모는 조사비용에 직결됩니다.

2번 질문지 작성은 측정도구를 준비하는 과정입니다. 질문지에 포함될 질문의 내용, 질문의 수, 질문의 형식이 결정되고 어구(語句, wording)가 만들어집니다. 질문지가 모습을 갖추면 예비테스트(pretest)를 통해 완성도를 높입니다.

3번 표본추출은 표본추출 방식을 정하고 표본 크기를 확정하며 표본개체를 선정하여 리스트 하는 작업입니다. 어떤 경우에는 최종 리스트 작업이 조사원에 위임되기도 합니다.

4번 실사(實査)는 훈련(training)을 거친 조사원을 현장에 파견하여 조사작업을 실행하는 과정입니다. 응답자료를 확보함과 동시에 거절률, 접촉률, 응답률, 무응답 처리 상황 등을 파악합니다.

5번 자료분석은 자료 입력과 검증, 가중치 부여, 관심 파라미터(모수)에 대한 통계적 추정치 산출, 교차표 작성과 모형화 분석 등의 작업으로 구성됩니다.

6번 보고서 작업은 조사결과를 문서화하고 프리젠테이션하는 과정입니다.

7번은 조사의 전체 과정에 대한 평가입니다. 외부 전문가 또는 관심자 집단의 의견을 듣는 것이 좋겠습니다.

문제는 1번과 6번 사이의 과정에서 다양한 종류의 하자가 발생한다는 것입니다. 이로부터 조사결과에 오차가 개입됩니다.

2. 이단계 추측과 오차

우리나라에서 국회의원 선거 예측이 만족스럽게 된 적이 애석하게도 한 번도 없었습니다. 2008년의 제 18대 국회의원 선거에서도 그러했습니다. 한 신문기사를 보도록 할까요?[1)]

> KBS MBC SBS와 YTN 등 방송사들이 9일 오후 6시 제18대 국회의원 선거 투표가 끝난 직후 일제히 당선자 예측조사를 발표했으나 실제 개표 결과 이변이 벌어졌다. 이날 방송사들은 비례대표를 포함해 한나라당의 예상 의석수를 KBS 155~178석, MBC 154~178석, SBS 162~181석, YTN 160~184석 등 과반을 넘어서는 것으로 예상했다. 그러나 10일 오전 2시 현재 개표 결과 한나라당은 153석을 차지한 것으로 나타났다. 이는 방송사들의 최소 예측치보다 적은 것으로 총선 예측조사의 신뢰도에 문제점을 드러냈다.
>
> 특히 비례대표에서도 KBS와 MBC는 한나라당이 50.3%의 지지를 얻어 27~30석을 얻을 것으로 예상했으나, 실제로는 40%에 못 미쳐 전체 의석수 예측을 빗나가게 하는 한 원인이 됐다.
>
> 민주노동당 강기갑 후보가 당선된 경남 사천의 경우에는 방송사 예측조사가 크게 빗나갔다. 이 지역에서 KBS-MBC는 한나라당 이방호 53.1%, 강기갑 42.3%, SBS도 이방호 54.8%, 강기갑 40.5%로 이 후보의 당선이 확실시된다고 예측했으나 개표 결과는 반대였다. 창조한국당 문국현 후보가 당선된 서

1) 2008년 4월 10일자 동아일보(http://www.donga.com)

> 울 은평을에서는 SBS와 YTN은 예측조사에서 한나라당 이재오 후보가 각각 0.3%, 1.3%포인트 차로 앞선 것으로 발표했다.
>
> 중략(中略)
>
> 이날 KBS와 MBC는 코리아리서치와 미디어리서치에 의뢰해 유권자 23만 명을 대상으로 경합지역 90개 선거구 900여 개 투표소에서 출구조사를 하고 나머지 155개 지역구에서는 전화조사를 하는 방식으로 예측조사를 벌였다. SBS는 한국갤럽, 한국사회여론연구소(KSOI)에 의뢰해 출구조사가 아닌 전화조사(50만 명)를 통해 예측 방송을 했으며, YTN도 한국리서치에 의뢰해 조사를 실시했다.
>
> 한편 KBS 등 방송사들은 1996년 15대 총선부터 당선자 예측조사를 발표했으나 매번 20~40개 지역구 당선자를 잘못 예측해 사과방송을 내보내기도 했다. 2000년 16대 총선 때는 원내 제1당과 제2당을 바꿔 예측해 물의를 빚었다.

신문과 방송에서는 조사결과를 보도하면서 매번 신뢰수준이 95%임을 들먹거리므로 조사결과가 잘 맞을 것으로 기대하지만 국회의원 총선거에서는 그렇지 않았습니다. 선거예측 방법론의 세부적 사항을 다루는 대신, 여기서는 일반적으로 왜 조사결과에 오차가 개입하게 되는지를 살펴보겠습니다.

조사에서 오차가 생기는 원인은 두 단계의 추측(推測, inference), 즉 '미루어 짐작함'을 하기 때문입니다 [2)]

첫번째 단계의 추측은 한 사람의 심리(속마음)를 정형화된 질문에 대한 응답으로부터 짐작하는 것으로 측정(測定, measurement)의 문제입니다. 예컨대 국회의원 선거를 일주일 앞두고 조사원이 임의의 한 집에 전화를 걸어 이번 선거에 "어느 후보에 투표하실 생각이십니까"를 묻는다고 합시다. 어떤 이유에서든 그 사람은 질문에 대답하고 싶지 않을 수 있습니다. 어쩌면 투표를 하지 않을 생각일 수도 있습니다. 그러나 솔직하게 자신의 생각을 말하기에는 사회적 분위기가 부드럽지 않은 상황이라고 한다면 그가 어떻게 반응할까요? 응답을 거부하거나 응답한다 하더라도 그의 응답이 그의 속마음을 제대로 반영하지 않을 수 있겠습니다.

두번째 단계의 추측은 모집단의 특성을 표본의 것으로부터 짐작하는 것입니다. 이것은 통계적인 문제로 통계학에서는 '추측의 이론'을 추론(推論, inference)이라고 합니다. 확률표본추출의 경우 통계적 오차(統計的 誤差, statistical error)의 행태에 대하여 잘 알려져 어느 정도가 될 지 가늠할 수 있으며 제어할 수도 있습니다. 예컨대 표본의 크기 n이 1,600 정도이고 표본의 추출방법이 단순임의추출(simple

2) Groves et al.(2004). *Survey Methodology*, p.9.

random sampling)이라면 95% 신뢰수준에서 통계적 오차는 최대 ±2.5%임이 알려져 있고 95% 신뢰수준에서 통계적 오차를 최대 ±2.0%내로 두려면 표본크기 n을 2,500으로 늘려야 합니다.

그러므로 통계조사가 정확한 결과를 내려면 두 단계 추론에서 실패하지 않아야 합니다. 첫번째 단계의 추측에서는 측정의 정확성이 관건인데 응답자의 인간적 요소를 고려하지 않으면 안됩니다. 응답자가 질문을 잘못 이해하는 경우가 있고 응답을 거절하여 결측의 문제가 야기될 수 있고 응답을 하더라도 다소 편집된 의견(edited opinion)을 표명하기도 할 것입니다. 편집된 의견에는 과소보고, 과대보고, 그리고 거짓 응답 등이 있습니다. 예를 들어 지난 국회의원 총선거 예측의 경우 다음과 같이 다양한 문제들이 발생하였을 수 있습니다.

- 잘못 이해한 경우(misunderstanding, lack of understanding): "어느 후보에 투표하실 생각이십니까"와 같이 지지하는 지역구 후보를 묻는 질문을 받았던 응답자들 중 일부는 자신의 선거구에서 누가 국회의원 출마자인지를 모르는 상태에 있었을 수 있습니다. "어느 정당(단체)에 투표하실 생각이십니까"와 같이 비례대표제 지지 정당(단체)을 묻는 질문의 경우 지지하는 지역구 후보의 소속 정당 또는 단체로 잘못 이해하였을 수 있습니다.

- 응답자 거절(refusal): 조사시점에서 정치적 상황에 대하여 못마땅한 일부 응답자는 질문에 대한 응답을 거절하였을 수 있습니다. 자신이 선호하는 후보자가 열세(劣勢)에 있는 경우 그런 성향이 두드러지게 나타납니다. 때문에 정국을 주도하는 정당 또는 후보자에 대한 예측이 과다하게 되는 결과가 초래됩니다. 전화조사에서, 그리고 투표소 출구조사(exit poll)에서 그러했을 수 있습니다.

- 과소보고(under-reporting) 또는 과대보고(over-reporting): "이번 선거에서 투표할 생각이십니까"를 묻는 질문에 대하여 응답자들은 자신의 투표의향을 과다하게 보고하는 성향이 있습니다. 즉, 투표할 생각이 '별로 없는' 사람이라도 '반반으로' 응답하고 '투표할 생각인' 사람은 사람이 '반드시 투표할 것'으로 응답하곤 합니다. 이것은 선거에서의 투표가 유권자의 도덕적 의무라는 것을 응답자가 의식하기 때문입니다. 소위 사회적 요망성(social desirability)으로부터 생기는 압력입니다.

- 거짓 응답(false answer): 개인에 미치는 사회적 압력이 센 경우 응답자는 거짓 응답을 할 수 있겠습니다. 미국에서는 흑·백 후보가 경합하는 선거에서 예측조사로는 흑인 후보가 우세한데 실제 선거 결과로는 그렇지 못한 경우가 있었습니다. 다수의 백인 유권자들이 예측조사에서 인종적 이슈에 대하여 진보

적 생각을 가진 것처럼 보이고자 거짓 응답하였기 때문입니다. 우리나라에서는 지역성이 그런 역할을 하기도 합니다.

두번째 단계에서는 표본의 대표성이 관건이겠습니다. 표본의 대표성을 저해하는 요소로는 프레임의 결함과 표본의 크기뿐만 아니라 응답자 비접촉 또는 비확률추출로 인한 표본의 왜곡 등이 있습니다. 예를 들어 지난 국회의원 총선거 예측의 경우 다음과 같이 다양한 문제들이 발생하였을 수 있습니다.

- 프레임 결함(poor frame): 선거 예측을 위한 전화조사에서는 전화번호부를 프레임으로 하였는데 전화번호부의 모집단 포함률(coverage)은 우리나라에서 평균적으로 60% 미만입니다. 비등재번호(unlisted number)의 가구와 등재번호(listed number)의 가구는 기본 인구지리적 요소를 통제한다 하더라도 정치사회적 성향이 다를 가능성이 있습니다.

- 불충분한 표본 크기(inadequate sample size): 조사를 후원하는 기관은 언론매체인데 선거예측조사를 위한 예산이 넉넉하지 못하였습니다. 전화조사의 경우 전국적으로는 표본크기가 꽤 커보였지만 선거구 당 표본크기를 보면 1,000명 이하가 많았습니다. 투표소 출구조사(exit poll)의 경우 예산 문제로 충분한 수의 투표소를 표집할 수 없었습니다.

- 응답자 비접촉(non-contact) 또는 비확률추출(nonprobability sampling): 전화조사의 경우 할당추출(quota sampling)이었고 낮 시간과 이른 저녁 시간대에 하루·이틀 정도 실시되었으므로 원래 의도하였던 목표표본의 75% 이상이 접촉되지 못했습니다. 접촉되지 못한 사람들은 조사회사가 접촉에 성공한 사람들과 지역·성·연령대 등의 기본 인구지리적 요소를 통제한다 하더라도 정치사회적 성향이 다를 가능성이 있습니다. 투표소 출구조사에서는 이런 문제가 거의 없었다고 보여집니다.

이렇게 많은 문제들이 있는데도 과연 조사가 잘 맞을까요? 문제의 가짓수가 많아도 각 문제들의 심각도가 그리 크지 않다면 총체적으로는 별 문제가 아닐 수도 있겠습니다. 유감스럽게도 우리나라의 지난 18대 국회의원 총선거에서 그렇지 않았지만 말입니다. 그러나 소가 뒷걸음 치다가 쥐 잡는 요행을 바랄 수는 없습니다. 요소 문제를 하나씩 해결해야 국회의원 선거 예측이 제대로 될 것입니다.

3. 응답자 심리

조사가 잘 되려면 접촉된 모든 사람이 조사에 협조해 주어야 합니다. 그러나 현실은 그렇지 않습니다. 간단한 전화조사인 경우에도 거절률이 50%를 넘어서곤 합니다. 기꺼이 협조한 사람들과 기어코 거절한 사람들과는 여러 특성이 다를 수 있기 때문에 협조한 사람들로부터 얻은 조사자료는 편향될 가능성이 있습니다. 그렇기 때문에 정확한 조사를 위하여 거절률을 줄어야 합니다.

우선, 사람들이 왜 조사를 거절하는지 그 원인을 생각해 봐야겠습니다.

첫째, 수많은 조사들이 시행됨으로써 사람들이 피곤(fatigue)해 하는 '과조사 효과'(過調查效果, over-surveying effect) 때문입니다. B2C(business-to-customer) 기업들이 수많은 만족도 조사(satisfaction survey)를 하고 있습니다. 그 외 많은 수의 마케팅 조사와 사회조사가 시행됩니다. 어느 특정인이 1개 조사에 응답자로 선정될 확률은 엄청 작은데도 불구하고 워낙 많은 수의 조사가 시행되다 보니 사람들이 조사에 시달리게 된 것입니다. 선거철에는 특정 후보가 ARS 조사를 빙자하여 자신을 홍보하는 경우가 있는데 이는 위법입니다.

둘째, 조사 주제에 흥미(interest)를 느끼지 못하기 때문입니다. 또는 왜 그런 것을 조사할 필요가 있는지 중요도(importance)를 이해하지 못하기 때문입니다. 조사의 의도가 의심되는 경우도 있습니다. 이런 경우들에서는 조사에 참여하고자 하는 동기(動機, motivation)가 약할 수밖에 없습니다.

셋째, 조사가 응답자에게 부담(burden)을 주기 때문입니다. 응답자는 자기 시간을 내어야 하고 자신의 의견과 개인 정보를 제공해야 합니다. 그것도 잘 모르는 사람(조사원)에게 말입니다.

그럼에도 불구하고 어떤 사람들은 조사에 참여합니다. 앞에서 조사를 거절하는 원인들을 열거하였으니, 조사에 참여하는 사람들은 조사로 인한 피로도가 적고 조사 자체에 어느 정도 흥미를 가지고 있고 조사에 드는 시간과 노력·정보에 대한 개인적 부담을 작게 생각하기 때문일 것입니다.

다시 말하면, 조사에 참여한 경험이 없거나 조사에 참여한 과거의 경험에 대하여 좋은 기억을 가지고 있는 사람들이 조사에 참여합니다. 이를 위하여 1개의 조사라도 허술하게 실행되는 일이 없도록 해야 합니다. 장기적 관점에서 조사에 대한 사회 구성원들의 태도가 긍정화될 수 있도록 조사기관 공동의 노력이 필요합니다.

또한, 조사의 주제를 흥미롭게 받아들이고 조사의 중요성을 인식하고 있는 사람들이 조사에 참여합니다. 조사자는 조사가 흥미로운 주제를 다루고 있고 사회적으로 매

그림 1: 조사 홍보 (2005년 인구주택총조사, 통계청)

우 중요한 주제임을 응답자에게 전달해야 합니다. 국가기관이 조사 실시를 앞두고 조사에 대한 홍보 활동을 하는 이유가 여기에 있습니다 (그림 1 참조). 조사자는 한 명·한 명의 응답자에게 조사참여가 경제적으로 또는 사회적으로 매우 소중한 정보를 만드는 데 기여하게 되는 일임을 알려야 합니다. 응답자 1인이 10,000명 이상을 대표하는 셈이 된다는 것을 알릴 필요가 있습니다.

조사 참여가 응답자에게 개인적 부담이 되는 것은 부정할 수 없는 사실입니다. 그러나 사람들은 그 부담이 어느 정도인지 잘 모르는 경우 지레 겁을 먹는 수가 있습니다. 부담을 실제보다 과다하게 예상하는 것이죠. 따라서 조사에 소요될 시간, 조사 내용과 방식, 정보보호의 원칙 등을 사전에 잘 알릴 필요가 있습니다. 응답자를 몰아붙여 곤혹스럽게 하는 것은 좋지 않습니다.

보다 적극적으로 현금 또는 상품 등의 인센티브(incentive)를 제공하여 조사 참여를 이끌어내는 방법이 있습니다. 이것은 응답자의 시간과 노력에 대한 일종의 보상입니다. 대부분의 경우 충분한 보상을 하기는 어렵습니다. 그러나 응답자는 작은 인센티브라도 그것을 성의의 징표(token)로 받아들입니다. 물론 '간(肝)에 기별이 가는' 최소한의 자극이 어느 수준인지에 더하여는 개인 차이가 있습니다. 때문에 인센티브 제공이 일부 사회 구성원들에게는 통하지 않을 수 있습니다. 그렇다고 사람에 따라 차별적 수준의 인센티브를 제공하는 것은 안 되겠죠.

이상을 조합한 소위 '지레-돌기 이론'(leverage-salience theory)은 사람들의 조사참여를 그림 2로 설명합니다.[3] 놀이터 시소에 몇 개의 돌기가 있습니다. 돌기 각각

3) Groves et al.(2004). *Survey Methodology*, p.177.

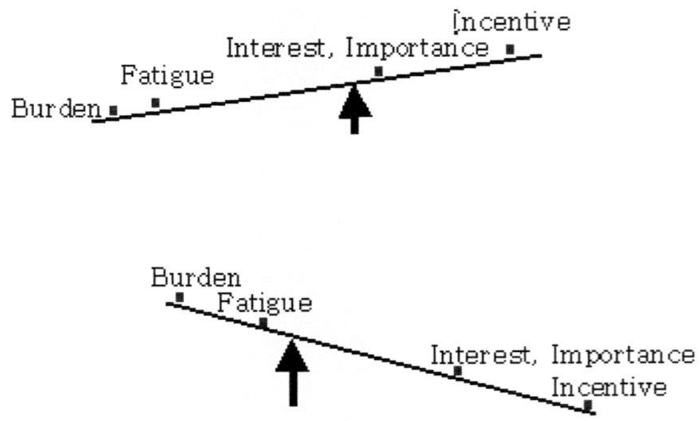

그림 2: 지레-돌기 이론. 上) 조사거절, 下) 조사참여.

은 조사의 몇 가지 두드러진 속성을 나타냅니다. 조사참여 결정에 영향력이 큰 돌기는 지레점으로부터 멀리 있고 영향력이 작은 돌기는 가까이에 있습니다. 시소가 왼쪽으로 기울면 '거절'이고 오른쪽으로 기울면 '참여'입니다. 따라서 조사참여를 유도하기 위하여는 지레점을 왼쪽으로 이동시켜 막대의 우측 돌기들이 힘을 쓰게 해서 시소가 오른쪽으로 기울게 해야 합니다. 조사원 개인의 끈질김(persistence)과 스킬(skill)이 요구됩니다.

1장 6절의 경제활동인구조사 사례에서 조사원 수기 두 개를 다시 읽어보세요. 응답자가 어떻게 거의 거절할 뻔하였는지, 어떻게 참여하게 되었는지를 앞의 틀에 맞추어 해석해보길 바랍니다.

이 절을 마치기 전에 두 개의 연구 사례를 소개하고자 합니다. 하나는 조사참여에 관한 사회심리학적 연구이고 다른 하나는 인센티브의 효과를 다룬 연구입니다.

조사참여에 관한 연구 사례: Groves, Cialdini and Couper (1992)[4)]

이 연구에서 연구자들은 조사참여(survey participation)와 거절의 원인에 관한 개념을 개발하고 실험적 증거들을 제시한 기존의 연구결과들을 검토하여 통합시키고자 하였습니다. 이로부터 연구 방향을 제시하였으며 아울러 포커스 그룹 인터뷰 결과를 보고하였습니다.

4) Groves, R.M., Cialdini, R.B., and Couper, M.P. (1992). "Understanding the decision to participate in a survey", *Public Opinion Quarterly*, **56**. 475-495.

서론. 조사참여도는 조사결과의 추론적 가치에 막대한 영향을 미칩니다. 조사참여도를 높이기 위한 방법으로 다음 방법들이 효과가 있다고 보고된 바 있습니다:

- 사전 우편(advanced letter), 금전적 보상, 면접자의 설득력, 접촉시각 등.

조사참여에 영향을 미치는 요인들은 다음과 같이 다양합니다.

- 사회적 요인: 조사주체 및 기관에 대한 사회적 인정, 사회적 통합도(cohesion), 과조사(過調査) 효과.
- 응답자 특성: 나이, 성, 소득, 건강, 가구원 수, 주거지 특성(도시화, 범죄율), 주택 특성 등.
- 조사설계적 요인: 접촉 방식, 설득 전략, 응답자 선택, 소요시간, 조사 주제 및 난이도 등.
- 조사원 특성: 인구사회적 요인, 경험, 감정 등.
- 조사원-응답자 상호작용: 순응(順應, compliance)에 관한 사회심리.

사람들은 다음 5개 원칙을 적용하여 조사원 요청에 승낙할 것인가, 아니면 거절할 것인가를 결정합니다.

- 상호성(reciprocation): 인센티브가 제공되는 경우 자신이 무엇인가 상대방에게 주어야 한다고 생각한다. 조사결과가 사회적 효용이 된다고 생각하면 자신이 무엇인가 기여해야 한다고 생각한다.
- 일관성(consistency): 사람들은 한 번 하기로 했으면 지속적으로 해야 한다고 생각한다. 각종 사회적 의무를 일관적으로 따른다. 조사에 응하는 것도 사회적 의무의 하나라는 점을 부각시킨다.
- 사회적 호응(social validation): 응답자는 자신이 알고 있는 사람들이 하는 바를 따른다. 사회의 저명인사 또는 인기인의 말을 따른다.
- 권위(authority): 응답자는 조사주체의 사회적 권위를 존중한다. 권위 있는 기관이 주관하거나 후원하는 조사는 참여율이 높다.
- 유사성(liking): 조사원과 동질감이 형성되는 경우 조사요청을 수락한다. 응답자는 자신과 유사한 복장, 말투, 태도의 조사원이 하는 일에 호응한다.

조사 면접원과 그룹 인터뷰를 한 결과 두가지 사항을 결론으로 얻을 수 있었습니다:

- 맞춤 또는 적응(tailoring): 개별 응답자에 맞춰 적절한 복장, 몸 동작, 말투, 설득 전략을 구사해야 한다. 1개의 표준적 지침을 따라 하면 거절될 가능성이 크다. 이 결론은 표준화된 절차를 따라 조사를 실행하여야 한다는 과학적 연구의 일반적 원칙과 상충될 수 있으므로 일정한 가이드라인 내에서 면접원들이 임기응변할 수 있도록 해야 한다.

- 상호작용의 유지(maintaining interaction): 조사 참여를 단박에 거절하는 응답자가 많다. 경험 많은 조사원은 응답자와 친밀감을 형성하는 데 시간을 보내고 나서 조사참여를 요청한다.

이상의 연구결과를 거절률이 상당한 우리나라의 전화조사에 적용해보면 다음과 같은 함축적 의미를 갖습니다.

- 상호성: 응답자에게 인센티브를 제공할 수 있다면 거절률이 낮아질 것이다.

- 일관성: 조사결과가 우리사회에서 중요한 정보가 됨을 부각시킴으로써 거절률을 낮출 수 있다.

- 사회적 호응: 인지도가 높은 사람을 내세워 조사를 사전에 홍보하면 거절률이 작아질 것이다.

- 권위: 큰 신문사와 방송사가 주관하는 조사는 거절률이 작다. 응답자들이 조사결과 발표에 기대감을 갖는다.

- 맞춤 또는 적응: 경험 있는 면접원일수록 통화 상대방의 인적 특성을 빨리 파악하여 적절한 대응을 함으로써 거절률을 낮춘다.

인센티브의 영향에 관한 연구 사례: Ryu, Couper and Marans (2005)[5)]

인센티브가 조사 참여에 어떤 영향을 미치는가에 대한 기존의 연구는 많이 있었습니다. 여기서 소개하려는 연구도 그 중 하나인데 과거 것들에 비하여 두드러진 점은 면대면(FTF, face-to-face) 조사에서와 우편조사에서의 인센티브 효과의 차이를 밝혔다는 데 있습니다.

이 조사 연구는 미국 Detroit 시에서 시행되었는데, 일부는 지역추출된 586 가구에 대한 FTF 조사였고 일부는 주소 리스트에서 추출된 8,418 가구에 대한 우편조사

5) Ryu, E., Couper, M.P., and Marans, R.W. (2005). “Survey incentives: Cash vs. in-kind; face-to-face vs. mail; response rate vs. nonresponse error”, *International Journal of Public Opinion Research*, **18**(1), 89-106.

표 1: FTF 조사에서의 응답률: 현금 vs 티켓

결과	현금	티켓	합계
조사완료	161 (61.7%)	149 (58.2%)	310 (60.0%)
조사거절	41 (15.7%)	57 (22.3%)	98 (19.0%)
기타*	59 (22.6%)	50 (19.5%)	109 (21.1%)
합계	261 (100.0%)	256 (100.0%)	517 (100.0%)

* 비접촉(noncontact) 또는 기타 사유로 면접 실패.

였습니다. FTF 조사에서 69 가구는 무효화되었고 유효한 나머지 517 가구(=586–69) 중 310 가구가 응답하였습니다 (응답률 60.0% (=310/517)). 우편조사에서는 1,191 가구가 무효화되었고 유효한 나머지 7,227 가구(=8,418–1,191) 중 4,064 가구가 응답하였습니다 (응답률 56.2% (=4,064/7,227)). FTF 조사에서 각 면접은 거의 1시간 정도 걸렸고 우편조사는 FTF 조사 내용 중 일부를 담은 20쪽 분량의 질문지에 의한 자기식(自己式, self-administered) 조사였습니다. 두 방식의 조사 모두에서 인센티브는 사전에 우편으로 제공되었으며 두 종류였습니다. 하나는 $5.00 현금이었고 다른 하나는 대공원(Metropark) 시즌 티켓 4장이었습니다 (티켓 4장은 총 $12.00의 가치가 있었다고 합니다). FTF 응답자들에게는 면접이 완료된 후 $5.00 현금이 추가로 주어졌습니다.

응답률이 인센티브 종류에 따라 어떻게 다르게 나타났는지를 볼까요?

표 1은 FTF 조사에서의 인센티브 종류별 응답률을 보여줍니다. 현금 그룹의 응답률이 61.7%였고 티켓 그룹의 응답률은 58.2%였습니다. 즉 현금 그룹의 응답률이 티켓 그룹의 응답률에 비해 3.5%p 크게 나타났습니다. 그러나 통계적으로 유의하지는 않았습니다 ($\chi^2 = 3.73$, d.f. $= 2$, p-value $= 0.16$).

표 2는 우편조사에서의 인센티브 종류별 응답률을 보여줍니다. 현금 그룹의 응답률이 67.0%였고 티켓 그룹의 응답률은 45.1%였습니다. 따라서 현금 그룹의 응답률이 티켓 그룹의 응답률에 비해 11.9%p 크게 나타났습니다. 그리고 이 차이는 통계적으로 유의하였습니다 ($\chi^2 = 358$, d.f. $= 2$, p-value < 0.001).

현금이 티켓보다 낫다는 것을 알 수 있습니다. 티켓은 공원에 자주 다니는 사람에게는 유용하겠지만 그렇지 않은 사람들에게는 잠재적 가치만 있기 때문일 것입니다. 기존의 연구들 대다수에서 현금이 현물(물건, 선물)보다 낫다고 나온 바 있습니다. 그렇다고 이상의 결과를 확장하여 우리나라에서도 조사에서 현금 인센티브가

표 2: 우편조사에서의 응답률: 현금 vs 티켓

결과	현금	티켓	합계
조사완료	2,465 (67.0%)	1,599 (45.1%)	4,064 (56.2%)
거절회신	75 (2.0%)	119 (3.4%)	194 (2.7%)
비회신	1,140 (31.0%)	1,829 (51.6%)	2,969 (41.1%)
합계	3,680 (100.0%)	3,547 (100.0%)	7,227 (100.0%)

낫다고 생각하지는 마십시오. 우리나라 사람들은 다를 수 있습니다. 과문한 탓인지 모르겠으나 우리나라에서는 현금과 현물의 효과를 비교한 조사 연구는 없었습니다. 또 우리나라의 우편 제도에서는 현금을 우편으로 보낼 수 없습니다.

여기서 왜 FTF 조사에서는 현금이 현물(티켓)에 비해 더 좋은 성적을 내지 못하였을까를 생각해봅시다. FTF 조사에서는 면접원들이 응답자를 설득하는 기회를 갖습니다. 조사참여를 내켜하지 않는 응답자에게 다양한 방식으로 협조를 요청할 수 있습니다. 이에 반하여 우편조사에서는 면접원이 개입하지 않습니다. 따라서 우편조사에서 인센티브의 효과가 제대로 반영된다고 볼 수 있습니다.

연구자들은 우편조사에서 현금 그룹의 응답 결과와 티켓 그룹의 응답 분포가 다른가를 살펴보았습니다. 표 3이 그 결과입니다 (일부).[6)]

표 3에서는 2개 항목 모두 응답률이 상대적으로 높았던 현금 그룹과 응답률이 다소 작았던 티켓 그룹이 응답 분포에서 통계적으로 유의한 차이는 없는 것으로 나타났습니다. 특히 티켓 그룹의 대공원(Metropark) 방문 횟수가 현금 그룹의 대공원 방문 횟수보다 클 것으로 예상되었지만 그렇지 않았습니다. 그렇다면 응답률의 높낮이는 조사 결과와 무관하다는 이야기가 되나요? 그렇게 생각한다면 이 연구를 너무 크게 확대해 수용하는 것입니다. 다음 절을 기대해 주세요.

이 연구는 종류가 다른 인센티브가 조사참여 및 조사결과에 어떤 영향을 주는가에 관한 것입니다. 인센티브의 유무에 따라 조사참여 및 조사결과에 어떤 영향을 주는가에 관한 것이 아니었음을 다시 말합니다.

6) 연구자들은 표 3의 2개 항목 응답 분포 외에 3개의 항목 응답 분포를 제시하였습니다. 총 5개의 질문항목에 대한 응답 분포 중에서 오직 'Metropark 외 공원을 방문한 횟수'에서 통계적으로 유의한 차이를 나타냈으나 그 실제적 차이는 그다지 크지 않았습니다.

표 3: 우편조사에서 두 인센티브 그룹의 조사결과

질문항목	응답 범주	현금 그룹	티켓 그룹
대공원(Metropark) 방문 횟수*	0	31.3%	31.5%
	1-2	34.7%	33.9%
	3-6	18.8%	20.9%
	6+	15.1%	13.7%
공원 지원을 위한 세금 증대**	1: 적극 찬성	7.4%	8.5%
	2	34.7%	28.2%
	3	18.8%	32.4%
	4	18.8%	21.4%
	5: 적극 반대	9.8%	9.5%

* $N = 4,010$, $\chi^2 = 3.63$, d.f. $= 3$, p-value $= 0.280$.

** $N = 3,751$, $\chi^2 = 6.61$, d.f. $= 4$, p-value $= 0.210$.

4. 오차의 크기

조사자는 표본으로 뽑힌 모든 사람들로부터 응답을 받고자 합니다만 현실은 그렇게 녹녹하지 않습니다. 즉, 응답자는 '참여'와 '비참여'로 나뉩니다. 관측자료는 어쩔 수 없이 참여 집단으로부터 나올 수밖에 없습니다. 그러면 어떤 결과가 초래될까요?

결론부터 말하자면 조사결과에 오차(error)가 초래됩니다. 이를 살펴보기 위하여 다음 상황을 생각하겠습니다.

$$\text{그룹 1 (관측집단)}: N(\theta_1, \sigma), \qquad \text{그룹 2 (비관측집단)}: N(\theta_2, \sigma).$$

그룹 1과 그룹 2의 상대적 크기를 p_1과 p_2라고 하지요 $(p_1 + p_2 = 1)$. 이런 상황에서 관측집단 평균(observed group mean)과 전체집단 평균(total group mean)은 각각 다음과 같이 될 것입니다.

$$\text{관측집단}: \theta_1, \qquad \text{전체집단}: \theta_T = p_1\,\theta_1 + p_2\,\theta_2.$$

따라서 관측집단 평균에 다음 크기의 오차가 개입됩니다:

$$\theta_1 - \theta_T = \theta_1 - (p_1\,\theta_1 + p_2\,\theta_2) = -p_2\,(\theta_2 - \theta_1). \tag{1}$$

통계학에서는 이것을 편향(偏向, bias)이라고 합니다만 이 장에서는 (1)을 '조사 오차'(survey error)로 지칭하겠습니다.

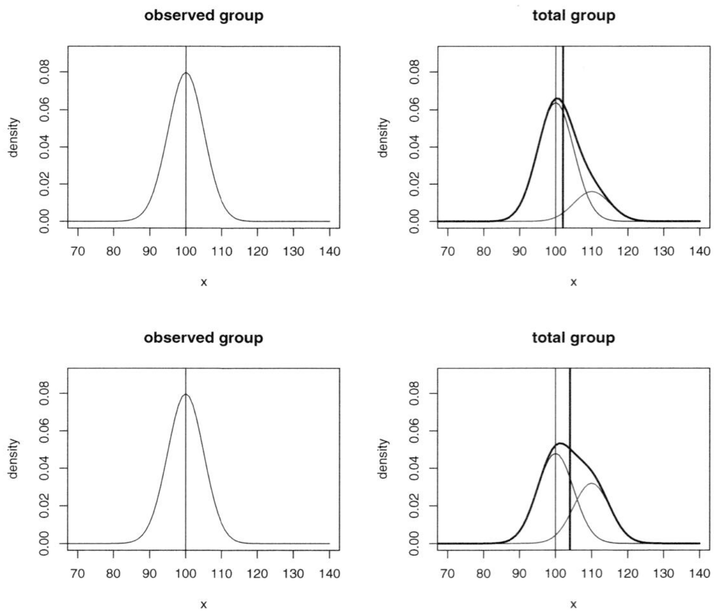

그림 3: 응답률에 따른 조사 오차 ($\theta_1 = 100$, $\theta_2 = 110$, $\sigma = 5$).
上) $p_1 = 0.8$의 경우, 下) $p_1 = 0.6$의 경우.

수치적 예로서 $\theta_1 = 100$, $\theta_2 = 110$, $\sigma = 5$인 경우를 생각하겠습니다.

1) $p_1 = 1.0$, $p_2 = 0.0$ 이면, $\theta_T = 1.0 \cdot 100 + 0.0 \cdot 110 = 100$. $\therefore$ 오차 $=$ 0 .

2) $p_1 = 0.8$, $p_2 = 0.2$ 이면, $\theta_T = 0.8 \cdot 100 + 0.2 \cdot 110 = 102$. $\therefore$ 오차 $= -2$.

3) $p_1 = 0.6$, $p_2 = 0.4$ 이면, $\theta_T = 0.6 \cdot 100 + 0.4 \cdot 110 = 104$. $\therefore$ 오차 $= -4$.

그룹 1의 크기 p_1, 즉 응답률(=조사 참여율)이 작아질수록 오차가 0으로부터 멀어지는 것을 알 수 있습니다. 그림 3을 보세요.

또 다른 수치적 예로서 $\theta_1 = 100$, $\theta_2 = 100$, $\sigma = 5$인 경우를 생각해 보겠습니다. 이 경우엔

$$\theta_T = p_1 \cdot 100 + p_2 \cdot 100 = 100$$

이므로 응답률 p_1이 1.0이든, 0.8이든, 0.6이든 오차는 0입니다. 즉 응답률의 크기가 오차에 영향을 주지 않습니다.

조사 오차의 크기는 (1)에서 보듯 비관측집단의 크기 p_2와 비관측집단 평균과 관측집단 평균의 차이 $\theta_2 - \theta_1$의 곱으로 결정됩니다. 그런데 일반적으로 $\theta_2 - \theta_1$에 대한 정보는 얻기 어렵습니다.[7] 따라서 조사 오차 (1)의 절대값을 작게 하기 위해서는 비관측집단의 크기, 즉 무응답률(nonresponse rate) p_2를 작게 하는 수밖에 없습니다.

요약하자면, 조사 오차는 무응답률과 비관측집단 평균과 관측집단 평균의 차이의 곱에 비례합니다. 따라서 비관측집단 평균과 관측집단 평균의 차이가 작은 경우에는 무응답률이 크더라도 조사 오차는 작게 나옵니다. 그러나 비관측집단 평균과 관측집단 평균의 차이가 작지 않은 경우에서 무응답률이 크면 조사 오차도 상당한 크기가 됩니다. 따라서 무응답률이 작지 않다면 어떤 항목에서 어느 정도의 오차가 생길지 알기 어렵습니다. 어느 조사에서나 무응답률을 최소화해야 하는 이유가 여기에 있습니다.

5. 응답자 비접촉과 가중법

응답자의 조사 거절(survey refusal)로 인해 오차가 초래되는 외에 표본추출 자체의 편향 때문에 오차가 초래될 수 있습니다. 표본추출 자체의 편향은 다음 두 단계에 걸쳐 생깁니다.

> 첫째는 프레임(frame)의 결함 때문입니다. 조사대상인데도 프레임에 포함되어 있지 않은 경우인 과소포함(under-coverage)과 조사대상이 아닌데도 프레임에 포함되는 경우인 과다포함(over-coverage)이 문제입니다.
>
> 둘째는 조사자가 응답자를 접촉하지 못해서 발생합니다 (비접촉, noncontact). 전화조사와 면대면 조사에서는 응답자의 부재(不在, not-at-home), 우편조사와 인터넷 조사의 경우에서는 수신지연 등이 원인이 됩니다.

프레임의 결함에 대하여는 이미 1장에서 설명한 바 있으므로 여기서는 비접촉의 문제를 중점적으로 다루겠습니다.

현대인들은 매우 바쁜 삶을 살아갑니다. 점점 재택시간이 짧아지고 귀가시간이 늦어지고 있습니다. 이에 따라 전화조사와 면대면 조사가 주로 이루어져야 할 낮시간

7) 비관측집단의 평균 θ_2에 대한 정보를 얻기 위해서는 비관측집단에 대한 관측을 하지 않으면 안됩니다. 조사 비참여자를 재접촉하는 방법을 강구해야 합니다.

대에 응답자를 접촉할 가능성이 점점 작아지는 추세에 있습니다.[8] 우편조사에서 주소가 맞고 우편물이 제 시간에 도착하였다고 하더라도 응답자가 우편물 확인을 제대로 하지 않을 수 있습니다. 게다가 전자우편에서는 한 사람이 여러 개의 주소를 가지는 경우가 빈번하므로 이런 문제가 더 심각합니다.

비접촉의 문제는 할당추출(quota sampling)임을 표방하는 우리나라의 전화조사에서 큰 문제가 아닐 수 없습니다. 우리나라 전화조사에서 할당추출이란 지역·성·연령대에 모집단의 크기에 비례하는 표본을 배정하여 조사한다는 것인데 이것 자체는 칭찬 받을 일입니다. 그러나 할당 내에서 쉽게 접촉이 가능한 사람들을 우선적으로 조사한다는 데 실제 문제가 있습니다. 즉 표본 응답자로 선정된 사람이 접촉되지 않으면 접촉이 쉬운 다른 사람으로 대체함으로써 비접촉의 문제가 극대화되는 결과가 초래됩니다. 비유적으로 이야기하자면 야생동물 조사를 하면서 쉽게 잡히는 다람쥐만 조사하는 셈이 됩니다. 과연 쉽게 잡히는 다람쥐와 쉽게 잡히지 않는 다람쥐가 같을까요? 지역·성·연령대 셀(cell)에서는 재택률이 다르더라도 사회적 성향과 경제적 행태가 같다고 볼 수 있을까요?

과거에는 지역·성·연령대 할당이 훌륭한 표본추출 방법이었을 것입니다. 지역 차이, 성 차이, 세대 차이를 효과적으로 통제하는 방법이니까요. 그러나 요즘의 추세는 사회의 다원화(多元化, diversification)입니다. 지역, 성, 연령 외에도 교육, 직업, 소득, 정보화 등의 배경 요인들(background factors)이 사람들의 사회적 성향과 경제적 행태에 영향을 줍니다. 그러나 지역·성·연령대 셀에서 접촉이 쉬운 사람들과 접촉이 쉽지 않은 사람들이 교육, 직업, 소득, 정보화 등 배경요인에서 차이가 있어 문제가 될 수 있습니다. 앞 절의 상황에서 그룹 1을 접촉집단, 그룹 2를 비접촉집단이라고 간주하면 어떤 결과가 초래되는지를 그림 3이 말해줍니다.

응답자 비접촉의 문제를 해결하는 방법은 무엇일까요? 가장 원칙적인 방법은 접촉률(contact rate)을 높이는 것입니다. 그러기 위해서는 전화조사의 경우 비접촉자에 대해서 재통화(callback)를 해야 합니다. 재통화는 요일과 시간을 달리하여 수차례 시도해야 합니다. 면대면 조사에서는 수차례 재방문(revisit)을 해야 합니다. 사전에 면접시간이 조정될 수 있다면 좋겠지요. 우편조사의 경우에는 예고 엽서 및 질문지 재발송, 웹 조사의 경우에는 휴대폰 문자 통보 등 추가적 노력이 필요합니다.

우리나라 조사업체 리서치&리서치가 2002년 울산에서 한 전화조사를 실시하였는데 매우 이례적으로 이 조사에서는 총 5차례 통화가 시도되었습니다. 그 결과 총 485명(100%)이 접촉·응답하였는데 이들을 통화 차수에 따라 분류해보면 1차

8) 우리나라에서 이에 대한 정보를 제공하는 것은 통계청의 생활시간조사인데 가장 최근 조사는 2009년에 시행되었습니다. 조사 원자료를 분석하면 지역·성·연령대 셀(cell)의 각 시간대 재택자 비율을 구할 수 있습니다만 아직은 이 통계가 나오지 않았습니다.

165명(34.0%), 2차 146명(30.1%), 3차 95명(19.6%), 4차에서 40명(8.2%), 5차에서 39명(8.0%)이었습니다.[9] 유감스럽게도 총 몇 명이 대상이었는지는 집계되지 않았습니만, 만약 1차 통화로만 조사가 진행되었다면 다섯 차례 통화규칙에 의하여 얻을 수 있었을 총 485명 가운데 오직 34.0%만이 관측표본에 들어왔을 것입니다.

물론 재통화·재방문은 조사자에게는 추가적 조사비용·조사시간을 의미합니다. 재통화·재방문이 없는 조사임에도 오차가 발생하지 않는 조사도 있겠습니다만, 1년 365일 비와 바람이 없을 수는 없겠습니다. 조사자에게는 정직한 노력이 요구됩니다. 외국에서는 총 15-20 차례 통화하는 조사도 있다지만, 우리나라 전화조사에서 총 3회 통화를 최소기준(minimum standard)으로 하였으면 좋겠습니다.

허명회·황진모(2006)는 우리나라 전화조사의 지역·성·연령대 할당추출에 대한 대안으로서 시간대를 할당변수로 추가한 소위 '시간균형할당추출(time-balanced quota sampling)'을 제안한 바 있습니다.[10] 이 방법에서는 오후 6시 이전 시간대와 이후 시간대의 조사 비율이 지역·성·연령대별로 정해져 있습니다. 그 비율은 생활시간조사 원자료를 분석하여 도출되었습니다. 총 2회 통화를 조사규칙으로 하고 있습니다만 6시 이후에는 그 이전 비재택자들을 대상으로 조사하므로 단순 할당추출에 비해 어렵지 않습니다.

응답자 비접촉 비율이 상당한 경우 조사자료를 그대로 분석하게 되면 여러가지 문제가 생길 수 있습니다. 왜냐하면 조사자료에서 특정 셀(cell)의 구성비율이 모집단에서 그 셀의 구성비율과 큰 차이를 보일 수 있기 때문입니다. 예컨대 60대 이상 남자 인구의 비율이 모집단에서는 10%인데 조사표본에서는 15%라면 나이 드신 분들이 너무 많이 조사된 것입니다. 반면 20대 남자 이하 인구의 비율이 모집단에서는 10%인데 표본에서는 5%라면 젊은 사람들이 너무 적게 조사된 것입니다. 이렇게 조사표본에 명백한 불균형성이 있는데 아무 대책 없이 사용한다면 편향된 결과가 도출될 것입니다.

이를 해결하는 한 방법은 표본자료의 각 개체에 가중치를 부여하는 방법입니다. 여기서는 가중치 부여의 기준이 3개 변수 X_1, X_2, X_3인 경우를 생각하도록 하겠습니다. 예컨대 지역(region; 서울 1, 부산 2, $\cdots$, 제주 16), 성(gender; 남 1, 여 2)과 연령대(age-band; 20대- 1, 30대 2, 40대 3, 50대 4, 60대+ 5)를 기준으로 하는 경우입니다.

X_1의 범주 $j_1\,(=1,\cdots,k_1)$, X_2의 범주 $j_2\,(=1,\cdots,k_2)$, X_3의 범주 $j_3\,(=1,\cdots,k_3)$의 결합 칸 (j_1, j_2, j_3)의 구성비율이 표본에서 $p\,(j_1, j_2, j_3)$, 모집단에서 $q\,(j_1, j_2, j_3)$라

9) 허명회, 임여주, 노규형 (2003). "전화조사에서 재통화 규칙준수와 응답자 임의선택의 영향", ≪응용통계연구≫, **16**(2). 247-259.

10) 허명회, 황진모 (2006). "전화조사를 위한 시간균형할당추출", ≪조사연구≫, **7**(2), 39-52.

고 합시다. 두 가지 가중법이 있습니다.

셀 가중법(cell weighting): 모든 j_1, j_2, j_3에 대하여 $p(j_1, j_2, j_3) \neq 0$인 경우, 칸 (j_1, j_2, j_3)에 속하는 개체 i, 즉 $X_1(i) = j_1$, $X_2(i) = j_2$, $X_3(i) = j_3$인 개체에 다음을 가중치로 부여합니다.

$$w_i \ \leftarrow \ \frac{q(j_1, j_2, j_3)}{p(j_1, j_2, j_3)}, \quad \text{for } i \text{ s.t. } X_1(i) = j_1,\ X_2(i) = j_2,\ X_3(i) = j_3.$$

이렇게 가중치를 부여하면 칸 (j_1, j_2, j_3)의 구성비율이 표본에서도 $q(j_1, j_2, j_3)$가 됩니다 (모든 j_1, j_2, j_3에 대하여).

rim 가중법(rim weighting): 칸 (j_1, j_2, j_3)에 속하는 개체들에 다음 알고리즘의 출력을 가중치로 부여합니다. 반복비례가중법(iterative proportional weighting) 또는 raking ratio 가중법이라고도 합니다.

0) 초기 가중치로 모든 개체에 대하여 1을 부여합니다:

$$w_i \ \leftarrow \ 1, \quad i = 1, \cdots, n.$$

1) X_1의 주변비율을 다음 가중치로 $q(j_1, +, +)$에 맞춥니다 (모든 j_1에 대하여).

$$w_i \ \leftarrow \ w_i \cdot \frac{q(j_1, +, +)}{\sum_{i' \text{ s.t. } X_1(i')=j_1} w_{i'} \,/\, \sum_{i'} w_{i'}} \quad \text{for } i \text{ s.t. } X_1(i) = j_1.$$

여기서 $q(j_1, +, +) = \sum_{j_2=1}^{k_2} \sum_{j_3=1}^{k_3} q(j_1, j_2, j_3)$.

2) X_2의 주변비율을 다음 가중치로 $q(+, j_2, +)$에 맞춥니다 (모든 j_2에 대하여).

$$w_i \ \leftarrow \ w_i \cdot \frac{q(+, j_2, +)}{\sum_{i' \text{ s.t. } X_2(i')=j_2} w_{i'} \,/\, \sum_{i'} w_{i'}} \quad \text{for } i \text{ s.t. } X_2(i) = j_2.$$

여기서 $q(+, j_2, +) = \sum_{j_1=1}^{k_1} \sum_{j_3=1}^{k_3} q(j_1, j_2, j_3)$.

3) X_3의 주변비율을 다음 가중치로 $q(+, +, j_3)$에 맞춥니다 (모든 j_3에 대하여).

$$w_i \ \leftarrow \ w_i \cdot \frac{q(+, +, j_3)}{\sum_{i' \text{ s.t. } X_3(i')=j_3} w_{i'} \,/\, \sum_{i'} w_{i'}} \quad \text{for } i \text{ s.t. } X_3(i) = j_3.$$

여기서 $q(+, +, j_3) = \sum_{j_1=1}^{k_1} \sum_{j_2=1}^{k_2} q(j_1, j_2, j_3)$.

4) 가중치가 적용되어 산출된 X_1의 주변비율이 $\{q(j_1, +, +)\}$와, X_2의 주변비율이 $\{q(+, j_2, +)\}$와, X_3의 주변비율이 $\{q(+, +, j_3)\}$와 거의 일치하면 알고리즘을 종료하고 $w_1, \cdots, w_n$을 출력합니다. 그렇지 않으면 단계 1로 되돌아 갑니다.

이렇게 가중치가 부여되면 그 결과로 모든 j_1에 대하여 X_1의 주변비율이 모집단의 주변비율인 $q(j_1,+,+)$와, 모든 j_2에 대하여 X_2의 주변비율이 모집단의 주변비율인 $q(+,j_2,+)$와, 모든 j_3에 대하여 X_3의 주변비율이 모집단의 주변비율인 $q(+,+,j_3)$와 일치하게 됩니다.

우리나라 민간부문 조사에서는 전통적으로 지역, 성, 연령대를 기준변수로 셀 가중법(cell weighting)을 써왔습니다. 그런데 셀 가중법은 기준변수 수가 4개 이상이 되면 실제로 적용이 불가능해집니다. 왜냐하면 셀(cell)의 수가 너무 많아지기 때문입니다. 예컨대 지역으로 16개 범주, 성으로 2개 범주, 연령대로 5개 범주를 고려하는 경우 이것만 해도 셀의 수가 160 $(= 16 \times 2 \times 5)$개가 됩니다. 만약 여기에 제 4의 기준변수로 4개 범주의 교육을 고려한다면 셀의 수는 640 $(= 160 \times 4)$개로 늘어납니다. 이렇게 되면 웬만한 크기의 표본에서는 빈 셀(empty cell)이 생기게 되고 또한 모집단 셀의 구성비율 $q(j_1,j_2,j_3,j_4)$를 구하기도 어려워집니다. 그러나 rim 가중법은 문제가 없습니다. 앞의 알고리즘에서 제 4의 기준변수에 대한 단계를 하나 추가하면 됩니다. 모집단에 대하여 필요한 정보도 각 변수에 대한 주변비율뿐입니다.

다음은 rim 가중법을 실행하기 위한 R 스크립트입니다.[11] 예제 파일로는 "survey 0011.csv" 자료를 썼습니다 (표본 크기 `n.case` = 1517, 가상 자료).

이 자료에서 첫 5개(=`n.var`) 변수가 기준변수이며 각 변수의 범주 수는 $(2,5,4,6,3)$ (=`n.vateg`)입니다. 그리고 기준변수의 모집단 주변비율(=`q.1`, `q.2`, `q.3`, `q.4`, `q.5`)이 다음과 같이 설정되었습니다.[12]

$$
\begin{aligned}
X_1 &: \ (0.50, 0.50),\\
X_2 &: \ (0.20, 0.20, 0.20, 0.20, 0.20),\\
X_3 &: \ (0.20, 0.30, 0.40, 0.10),\\
X_4 &: \ (0.20, 0.20, 0.20, 0.20, 0.10, 0.10),\\
X_5 &: \ (0.80, 0.10, 0.10).
\end{aligned}
$$

eps는 표본의 기준변수 주변비율이 모집단 주변비율 간 차이를 식별할 수 없는 최대 크기입니다. 소수점 아래 3자리 수로 하는 경우 eps=0.001로 지정하면 됩니다.

```
# rim weighting prototype, "rim weighting proto program.r"
# input data
```

11) R은 오픈된 소프트웨어로서 누구든 "`http://wwww.r-project.org`"에서 프로그램 소스를 내려받아 설치하면 됩니다. R에 대한 간단한 설명에 대하여는 ≪R을 활용한 탐색적 자료분석≫(허명회, 2007; 자유아카데미)의 1장을 참조하기 바랍니다.

12) 각 주변비율은 최대 범주 수의 칸에 입력되어야 합니다. 따라서 남는 칸들에는 0을 넣으면 됩니다. 이 사례에서 최대 범주 수는 6 (=max(2, 5, 4, 6, 3)).

```
library(foreign)
Survey.D <- read.csv("survey 0011.csv",header=T)
str(Survey.D)

# set parameters
n.case <- nrow(Survey.D)
n.var <- 5
n.categ <- c(2,5,4,6,3)
X <- Survey.D[,1:5]
q.1 <- c(0.50,0.50,0.00,0.00,0.00,0.00)
q.2 <- c(0.20,0.20,0.20,0.20,0.20,0.00)
q.3 <- c(0.20,0.30,0.40,0.10,0.00,0.00)
q.4 <- c(0.20,0.20,0.20,0.20,0.10,0.10)
q.5 <- c(0.80,0.10,0.10,0.00,0.00,0.00)
eps <- 0.001

# rim weighting module
p <- matrix(rep(0,n.var*max(n.categ)),nrow=n.var)
q <- rbind(q.1,q.2,q.3,q.4,q.5)
for (j in 1:n.var) {
    p[j,1:n.categ[j]] <- table(X[,j])/n.case
}
w <- rep(1,n.case)
n.repeat <- 0
max.diff <- 1
while(max.diff > eps){
  diff <- rep(0,n.var)
  for (j in 1:n.var){
    for (i in 1:n.case) {
        w[i] <- w[i]*q[j,X[i,j]]/p[j,X[i,j]]
    }
    jj <- ifelse(j==n.var,1,j+1)
    for (k in 1:n.categ[jj]){
        p[jj,k] <- sum(w[X[,jj]==k])/sum(w)
        diff[jj] <- diff[jj] + (p[jj,k]-q[jj,k])*(p[jj,k]-q[jj,k])
    }
```

```
  }
  max.diff <- sqrt(max(diff))
  n.repeat <- n.repeat+1
}
p.weighted <- p

# output values
n.repeat
round(p.weighted,3)
round(summary(w),3)
hist(w,xlim=c(0,10),nclass=20,main="Hisrogram of Rim Weights")
write.csv(cbind(Survey.D,rim.w = round(w,3)),"survey weighted.csv")

# end
```

위 R 스크립트를 실행한 출력 결과를 보기로 할까요?

```
> n.repeat
[1] 6
```

n.repeat는 가중치가 산출되기까지 거쳐간 cycle 수를 말해줍니다. 각 변수에 대하여 6회씩 가중치가 업데이트되었음을 알 수 있습니다.

다음은 가중치를 적용한 결과로 얻게 된 기준변수의 주변비율입니다. 행에 변수가, 열에 범주가 나타납니다. 이것이 모집단 기준변수의 주변비율 설정 값과 일치하여야 rim 가중치가 옳게 산출된 것입니다.

```
> round(p.weighted,3)
     [,1] [,2] [,3] [,4] [,5] [,6]
[1,]  0.5  0.5  0.0  0.0  0.0  0.0
[2,]  0.2  0.2  0.2  0.2  0.2  0.0
[3,]  0.2  0.3  0.4  0.1  0.0  0.0
[4,]  0.2  0.2  0.2  0.2  0.1  0.1
[5,]  0.8  0.1  0.1  0.0  0.0  0.0
```

다음은 산출 rim 가중치의 분포에 대한 요약입니다. 산출 가중치가 최소값 0.238, 최대값 12.330 사이에 거쳐있고 평균은 1입니다. 너무 큰 가중치에 대하여는 일정 값(e.g., 5)에서 끊기를 하기도 합니다.

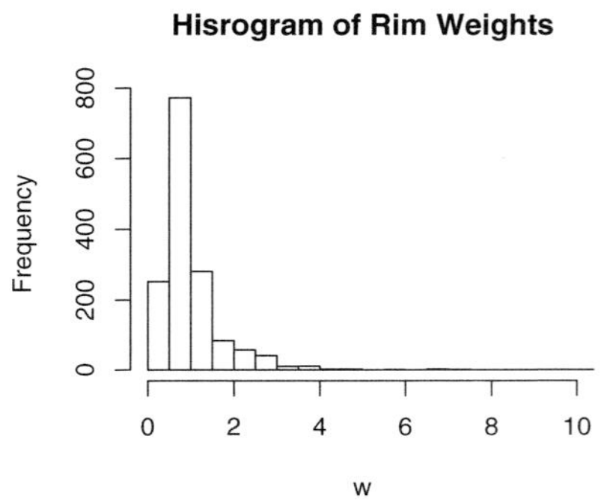

그림 4: rim 가중치의 분포

```
> round(summary(w),3)
   Min. 1st Qu.  Median    Mean 3rd Qu.    Max.
  0.238   0.591   0.808   1.000   1.151  12.330
```

산출 rim 가중치에 대한 히스토그램으로 그림 4가 나옵니다.

원자료에 rim 가중치(변수 명: `rim.w`, 소숫점 이하 3자리)가 붙어 `csv` 파일로 저장됩니다 (파일 명: `survey weighted.csv`). 이제부터의 모든 조사자료 분석에는 가중치가 반영되어야 합니다. 예를 들어 앞의 사례에서 5점 척도 변수 `pref`와 연속형 변수 `score`에 대한 description을 가중치를 두지않고/두고 하면 다음과 같습니다.

	pref(%): 1	2	3	4	5	score 평균
가중치 無	34.5	28.6	33.3	2.7	0.9	43.0
가중치 有	32.6	30.7	32.0	2.7	1.0	42.3

다음은 이를 위해 사용된 `R` 스크립트입니다.

```
library(nnet)
weighted.table <- function(class.var,weight) t(w)%*%class.ind(class.var)

round(weighted.table(Survey.D$pref,w)/n.case,3)
round(table(Survey.D$pref)/n.case,3)

round(weighted.mean(Survey.D$score,w),1)
round(mean(Survey.D$score),1)
```

셀 가중치이든 rim 가중치이든 가중치로 결과를 보정한다는 것은 기준변수를 통제하는 경우 비접촉 응답자의 응답이 접촉 응답자의 응답과 유사할 것이라는 전제하에서만 의미가 있습니다. 만약 기준변수 모두를 통제한다고 하더라도 접촉 응답자와 비접촉 응답자 사이에 본질적인 차이가 있다면 가중법은 한계를 갖습니다.

현대사회는 다원화되어 있습니다. 비접촉자가 상당히 있는 조사에서는 지역, 성, 연령대 만을 기준으로 표본의 균형화를 꾀하는 것으로는 충분하지 않습니다. 3개 기본변수 외에 교육, 직업, 소득 등을 추가로 고려하여 가중치를 산출할 필요가 있다고 봅니다.

질문/문제

1. 조사는 어떤 과정으로 수행됩니까?
2. 응답자들이 간혹 속마음이 아닌 편집된 의견을 내는 경우가 있습니다. 편집된 의견(edited opinion)에는 어떤 것들이 있습니까?
3. 응답 대상자가 조사를 거절하는 경우가 있는데 그 심리적 원인은 무엇입니까?
4. 여러분이 조사 요청을 승낙 또는 거절한 경험이 있었다면 그런 결정(승낙/거절)을 하게 된 심리적 과정을 말해 주세요.
5. 왜 조사에서 응답률(response rate)을 높일 필요가 있습니까?
6. (R optional) 5절의 `survey 0011.csv` 자료에서 기준변수의 모집단 주변비율이 아래와 같이 재설정된 경우 변수 `score`에 대한 description을 가중치를 두지않고/두고 해보세요. 이전 것과 어떤 차이가 있습니까?

   $X_1: \ (0.50, 0.50),$

   $X_2: \ (0.20, 0.30, 0.20, 0.10, 0.20),$

   $X_3: \ (0.10, 0.50, 0.30, 0.10),$

   $X_4: \ (0.20, 0.30, 0.10, 0.10, 0.10, 0.20),$

   $X_5: \ (0.50, 0.25, 0.25).$

3장. 표본추출 Sampling

대다수의 조사는 모집단에 비하여 극히 작은 표본의 응답자를 대상으로 시행됩니다. 그럼에도 불구하고 표본에 주어진 임무는 모집단을 대표해내는 데 있으므로 모집단에서 어떻게 표본을 추출할 것인가는 조사의 성공을 위한 매우 중요한 관건입니다. 이 장에서는 몇 가지 기본적인 확률 표본추출(probability sampling) 방법의 설명과 함께 Access 리스트에서의 표본추출과 전화번호 추출을 다루겠습니다.

1. 단순임의표본추출

단순임의표본추출(simple random sampling, 단순임의추출)은 모집단 프레임이 리스트 되어 있는 경우에 적용되는 방법으로 이후 모든 확률 추출법의 근본이 됩니다. 프레임 리스트가 N개의 개체(units)로 구성된 경우 크기 n의 단순임의표본추출은 개념적으로는 다음과 같습니다.

1) 각 개체의 식별번호를 적은 N장의 카드를 큰 상자에 넣고 잘 섞습니다.
2) 큰 상자에서 카드를 한 장씩 모두 n장의 카드를 뽑습니다 ($n \le N$). 이 때 한 번 뽑힌 카드는 상자에 다시 돌려놓지 않습니다.

겉보기에는 매우 쉬워 보이는 단순한 방법입니다. 그러나 쉬워 보이는 것 치고 실제 쉬운 것은 없는 것이 세상 일입니다.

첫째, 이 방법은 프레임이 완전히 리스트 된 상황에서나 적용이 가능합니다. 예컨대 전 국민을 대상으로 여론조사를 하고자 하는 상황에서 단순임의표본추출을 하려면 전 국민의 리스트가 필요합니다. 이것은 실제적으로 불가능합니다. 물론 항상 어려운 것은 아닙니다. 리스트가 전자 매체에 수록되어 있는 경우엔 적용이 쉽습니다. 프레임 리스트가 컴퓨터 파일로 존재하는 경우가 그렇습니다. 예컨대 특정 홈 쇼핑 업체의 고객 리스트가 한 예입니다.

둘째, 카드를 잘 섞는 일은 실제로 상당히 까다로운 일이라는 점입니다. 이와 관련하여 유명한 일화가 있습니다. 1970년 미국의 징병 추첨(draft lottery)은 366장의 생일 카드를 잘 섞은 다음 한 장씩 순서대로 뽑는 일이었는데 결과적으로 뽑힌 생일 순서에 체계적 경향이 남았습니다.[1] 여기서 단순임의표본추출에서 '임의(任

1) 늦은 생일을 가진 청년들이 선(先)순위로 징병되는 결과를 낳았습니다. 허명회 · 이용구 (2010), "유한 순서 열의 임의화", ≪응용통계연구≫ **23**(1), 189-196 참조.

意, random)'는 '뜻(마음)에 맡김'인데 그 뜻은 우리들의 마음이 아니라 하느님/부처님/알라님의 마음입니다. 두 마음 사이에는 엄청난 차이가 있을 수 있습니다. 그런 분의 마음을 우리가 쓰고자 함이니 쉽지 않은 것은 당연합니다.

임의표본추출을 위해 그런대로 무난한 방법은 컴퓨터로 '유사임의 수'(pseudo-random number)를 생성시키는 방법입니다.[2)] 예컨대 R로써 1부터 $N\,(=10,000)$까지 일련번호화된 개체들 가운데 $n\,(=100)$개 개체를 뽑는 방법은 다음과 같습니다.

```
# simple random sampling
N <- 10000
n <- 100
frame.list <- seq(1,N)
sample.list <- sample(frame.list,n)
matrix(sort(sample.list),byrow=T,ncol=5)
# end
```

다음은 뽑힌 개체들을 일련번호 순서로 한 줄에 5개씩 나열한 결과입니다.[3)]

```
> matrix(sort(sample.list),byrow=T,ncol=5)
      [,1] [,2] [,3] [,4] [,5]
 [1,]   12   60   86  191  346
 [2,]  433  479  548  600  602
 [3,]  781  799  948 1336 1433
 [4,] 1485 1490 1523 1663 1787
 [5,] 1872 2119 2176 2259 2352
    .
    .
    .
[16,] 7609 7700 7791 7869 7907
[17,] 7966 8009 8186 8231 8635
[18,] 8657 8757 8859 9009 9197
[19,] 9234 9400 9425 9499 9542
[20,] 9597 9633 9736 9799 9889
```

2) 진정으로 임의적인 수를 만들어내지는 않기 때문에 접두어로 '유사'(pseudo)를 붙입니다.

3) 결과는 실행시각마다 달라집니다. 같은 결과를 재현하려면 씨 숫자(seed number)를 고정해야 합니다. 예컨대 `set.seed(12345)`를 `sample.list <- sample(frame.list,n)`의 앞에 넣습니다.

단순임의표본추출은 불규칙도를 최대화한 방법이지만 다음과 같이 정해진 성질을 갖습니다.

1) 표본의 n개 개체값 $y_1, \cdots, y_n$의 평균 $\bar{y}$는 모집단 평균 $\bar{Y}$와 "평균적으로" 일치합니다. 즉,
$$E[\bar{y}] = \bar{Y}.$$

2) 다음과 같이 모집단 평균 $\bar{Y}$에 대한 신뢰구간 추론이 근사적으로 합당합니다 (신뢰수준 $1-\alpha$).
$$\bar{y} - z_{\alpha/2}\sqrt{(1-f)\frac{s^2}{n}} \le \bar{Y} \le \bar{y} + z_{\alpha/2}\sqrt{(1-f)\frac{s^2}{n}},$$
여기서 $f\,(=n/N)$는 추출률(sampling fraction)이고 s^2은 표본 분산입니다 ($s^2 = \sum_{i=1}^{n}(y_i - \bar{y})^2/(n-1)$). 그리고 $z_{\alpha/2}$는 표준정규분포 $\mathrm{N}(0,1)$의 상위 $\alpha/2$ 분위수입니다.[4)]

여기서 눈 여겨 볼 점은 이상의 좋은 성질들이 반복추출(repeated sampling)로부터, 즉 단순임의표본추출이 많은 횟수 반복되는 상황에서 발현된다는 사실입니다 (어느 한 표본에서가 아니라).

관측변수 Y가 이항형$(=0,1)$인 경우 이상의 성질은 다음과 같이 표현됩니다.

1) 표본 비율 p는 모집단 비율 θ와 "평균적으로" 일치합니다. 즉,
$$E[p] = \theta.$$

2) 다음과 같이 모집단 비율 θ에 대한 신뢰구간 추론이 근사적으로 합당합니다.[5)]
$$p - z_{\alpha/2}\sqrt{(1-f)\frac{p(1-p)}{n-1}} \le \theta \le p + z_{\alpha/2}\sqrt{(1-f)\frac{p(1-p)}{n-1}}.$$

모집단 비율 θ에 대한 신뢰구간에서 추정오차 $(=|p-\theta|)$의 한계가 다음과 같이 순차적으로 bound됩니다 (신뢰수준 $1-\alpha$인 경우).
$$z_{\alpha/2}\sqrt{(1-f)\frac{p(1-p)}{n-1}} \le z_{\alpha/2}\sqrt{\frac{p(1-p)}{n-1}} \le z_{\alpha/2}\sqrt{\frac{\frac{1}{2}\cdot\frac{1}{2}}{n-1}}.$$

4) $z_{0.05} = 1.64$, $z_{0.025} = 1.96$, $z_{0.01} = 2.33$, $z_{0.005} = 2.58$.
5) θ가 0 또는 1에 가까운 상황에서는 n이 충분히 커야 합니다.

따라서 위 식의 우변이 δ 이하이면 추정오차 한계가 δ보다 작게 됩니다. 이를 위하여

$$n \geq 1 + \frac{(z_{\alpha/2}/2)^2}{\delta^2} \tag{1}$$

이 되어야 합니다. 예컨대 신뢰수준 95%에서 추정오차 한계가 $\delta = 0.025$가 되게 하기 위하여는 표본 크기를

$$n \geq 1,537 \ \ (= 1 + \frac{(1.96/2)^2}{0.025^2})$$

로 해야 합니다. 신뢰수준을 95%로 하는 경우 $z_{\alpha/2} = 1.96 \simeq 2$이고 표본 크기에서 1 정도의 차이는 아무 것도 아니므로 식 (1)을 단순화하여

$$n \geq \frac{1}{\delta^2} \tag{2}$$

로 활용하는 경우가 많습니다. 식 (2)에 의하면, 신뢰수준 95%에서 추정오차 한계가 $\delta = 0.025$ 이하가 되게 하기 위한 표본 크기는

$$n \geq 1,600 \ (= \frac{1}{0.025^2})$$

입니다. 다시 말하여 $n \geq 1,600$이어야 모비율 θ에 대한 추정오차 한계가 2.5%p 이하가 됩니다 (신뢰수준 95%에서).

식 (2)를 써서 모비율 θ에 대한 추정오차 한계가 5.0%p, 3.2%p, 2.5%p, 2.0%p, 1.0%p 이하가 되게 하기 위한 표본 크기를 구해보면

$$n \ \geq \ 400, \ 1,000, \ 1,600, \ 2,500, \ 10,000$$

입니다 (신뢰수준 95%에서). 단순임의표본추출에서 그렇다는 것입니다.

2개 시점 t_1과 t_2의 동일 모집단에 대한 독립적 조사에서 특정 범주의 비율이 각각 p_1과 p_2라고 할 때, 시점 t_1에서의 모집단 비율 θ_1과 시점 t_2에서의 모집단 비율 θ_2의 차이에 대한 신뢰구간의 양 끝은 다음과 같습니다 (신뢰수준 $1 - \alpha$).

$$\theta_2 - \theta_1 = p_2 - p_1 \ \pm \ z_{\alpha/2}\sqrt{\frac{p_1 q_1}{n_1} + \frac{p_2 q_2}{n_2}},$$

여기서 n_1은 시점 t_1에서 시행된 표본의 크기이고 n_2는 시점 t_2에서 시행된 표본의 크기입니다. 그리고 $q_1 = 1 - p_1$, $q_2 = 1 - p_2$입니다. 예컨대 3월 조사(표본크기 1,600)에서 대통령 지지율이 39.0%였는데 6월 조사(표본크기 1,600)에서 지지율이 45.0%였다면 그 차이에 대한 신뢰구간은 다음과 같습니다.

$$\theta_2 - \theta_1 = 0.45 - 0.39 \ \pm \ 1.96\sqrt{\frac{0.39 \cdot 0.61}{1600} + \frac{0.45 \cdot 0.55}{1600}} = 0.060 \ \pm \ 0.034.$$

즉, 3월 지지율과 6월 지지율 간 차이는 6.0%p로 추정되며 신뢰하한과 신뢰상한은 각각 2.6%p와 9.4%p입니다 (신뢰수준 95%).

한 조사의 표본에서 범주 1의 비율이 p_1, 범주 2의 비율이 p_2로 나온 경우, 범주 1의 모집단 비율 θ_1과 범주 2의 모집단 비율 θ_2 간 차이에 대한 신뢰구간의 양 끝은 다음과 같습니다 (신뢰수준 $1-\alpha$).

$$\theta_2 - \theta_1 = p_2 - p_1 \pm z_{\alpha/2}\sqrt{\frac{p_1 q_1}{n} + \frac{p_2 q_2}{n} + 2\frac{p_1 p_2}{n}},$$

여기서 n은 표본 크기이고 $q_1 = 1 - p_1$, $q_2 = 1 - p_2$입니다. 예컨대 2명 이상의 후보자가 경합 중인 선거에 대한 예측 조사(표본크기 1,600)에서 후보자 1의 지지율이 39.0%로 나왔고 후보자 2의 지지율이 45.0%로 나왔다면 그 차이에 대한 신뢰한계는 다음과 같습니다.

$$\begin{aligned}\theta_2 - \theta_1 &= 0.45 - 0.39 \pm 1.96\sqrt{\frac{0.39\cdot 0.61}{1600} + \frac{0.45\cdot 0.55}{1600} + 2\frac{0.39\cdot 0.45}{1600}} \\ &= 0.060 \pm 0.045.\end{aligned}$$

즉, 두 후보자 지지율 간 차이는 6.0%p로 추정되며 신뢰하한과 신뢰상한은 각각 1.5%p와 10.5%p입니다 (신뢰수준 95%).

2. 층화표본추출

조사는 모집단(population)에 대한 정보를 얻고자 하는 것이 주목적이지만 더불어 부모집단(sub-population)에 대한 정보를 얻을 수 있다면 좋을 것입니다. 당면 국가적 이슈에 대하여 국민 전체의 의견을 알아볼 필요가 있는 동시에 지역별, 사회계층별 의견도 수집해 볼 필요가 있습니다. 모집단의 분할(partition)이 되는 부모집단을 층(層, stratum)이라고 하고 각 층에서 임의표본추출을 하는 표본추출방법을 층화표본추출(stratified sampling)이라고 합니다.

전체 모집단을 크기가 $N_1, \cdots, N_H$인 H개의 층으로 분할하고 층 $h\,(=1,\cdots,H)$에서 크기 $n_h\,(\le N-h)$의 임의표본추출을 한 경우를 생각하도록 하겠습니다. 층 h 표본에서 산출된 변수 Y의 평균을 $\bar{y}_h$다고 하면, 다음과 같이 총 평균을 추정할 수 있습니다.

$$\bar{y}_{st} = \sum_{h=1}^{H} \frac{N_h}{N}\bar{y}_h = \sum_{h=1}^{H} W_h \bar{y}_h,$$

여기서 $N = \sum_{h=1}^{H} N_h$이고 $W_h(= N_h/N)$은 층 h의 가중치입니다 ($h = 1, \cdots, H$).

예를 들어 우리나라를 16개 광역시·도(道)로 나누어 조사를 할 수 있을 것입니다. 이 때 각 층(광역시·도)의 크기 $N_h\,(h = 1, \cdots, H)$를 조사의 맥락에 맞춰 정의하고 이에 대한 정보를 찾아내야 합니다. 다음 표는 모집단이 15세 이상 주민등록 인구인 경우에서 각 층의 크기를 보여줍니다 (2009년 12월 기준, 통계청 국가통계포탈). 예컨대 서울의 크기는 8,346 $(= N_1)$이고 가중치는 0.207 $(= W_1)$입니다. 그리고 제주도의 크기는 435 $(= N_{16})$이고 가중치는 0.011 $(= W_{16})$입니다.

광역시/도	인구(천명)	가중치
서울특별시	8,346	0.207
부산광역시	2,898	0.072
대구광역시	2,042	0.051
인천광역시	2,208	0.055
광주광역시	1,156	0.029
대전광역시	1,224	0.030
울산광역시	907	0.022
경기도	9,504	0.236
강원도	1,183	0.029
충청북도	1,227	0.030
충청남도	1,600	0.040
전라북도	1,422	0.035
전라남도	1,423	0.035
경상북도	2,172	0.054
경상남도	2,571	0.064
제주도	435	0.011
합계	40,316	1.000

층화임의표본추출에서 $\bar{y}_{st}$의 기대값은 모집단 총평균 $\bar{Y}$가 됩니다: $E\,[\,\bar{y}_{st}\,] = \bar{Y}$. 그리고 총 평균 $\bar{y}_{st}$의 표준오차는 다음과 같습니다.

$$\mathrm{se}\,(\,\bar{y}_{st}) = \sqrt{\sum_{h=1}^{H} W_h^2 (1 - f_h)\, \frac{s_h^2}{n_h}}$$

여기서 $f_h = n_h / N_h$이고 s_h^2는 층 h 표본의 분산입니다. 이에 따라 모집단 총평균 $\bar{Y}$에 대한 신뢰구간이 다음과 같이 유도됩니다 (신뢰수준 $1 - \alpha$).

$$\bar{y}_{st} - z_{\alpha/2}\,\mathrm{se}(\bar{y}_{st}) \le \bar{Y} \le \bar{y}_{st} + z_{\alpha/2}\,\mathrm{se}(\bar{y}_{st}).$$

층화임의표본추출 설계에서 정해야 할 사항은 층별 표본크기입니다. 무난한 방식은 층 h 표본의 크기 n_h를 층 h의 크기 N_h에 비례하게 두는 **비례배분**(proportional allocation)입니다. 즉,

$$n_h \propto N_h, \quad h = 1, \cdots, H.$$

비례배분된 층화임의표본의 경우에는 각 개체 가중치가 균일하게 됩니다. 예컨대 총 표본크기가 1,000명이고 16개 광역시·도를 층으로 하는 경우 비례배분을 하면 경기도 236명, 서울 207명, 부산 72명, $\cdots$, 제주도 11명이 됩니다.

그 밖에 다음 세 가지 방식이 있습니다. 이하 방식들에서는 각 개체에 비균일한 가중치가 부여되는 셈이 됩니다.

1) 균등배분(equal allocation): $n_h = \text{equal}, \quad h = 1, \cdots, H.$

   층 간 비교에 중점을 두는 경우에 좋습니다.

2) 네이만 배분(Neyman allocation): $n_h \propto N_h S_h, \quad h = 1, \cdots, H.$

   여기서 S_h는 층 h의 표준편차입니다. 층별 산포의 차이를 고려하여 산포가 큰 층에 보다 많은 표본을 배정함으로써 전체적으로 최적이 되도록 합니다. 조사를 시행하기 전에 각 층의 산포에 대한 정보가 있어야 합니다.

3) 최적배분(optimal allocation): $n_h \propto N_h S_h / \sqrt{c_h}, \quad h = 1, \cdots, H.$

   여기서 c_h는 층 h에서 1개 개체 조사에 드는 비용입니다. 층별 산포의 차이와 조사 단가의 차이를 고려하여 전체적으로 최적이 되도록 합니다.

층화임의표본추출에서 관건은 무엇을 기준으로 층화(層化, stratify)할 것인가 하는 데 있습니다. 원칙은 주관심 조사항목과 상관이 큰 지표 또는 지표들의 조합을 기준으로 하는 것입니다. 물론 그 지표는 조사이전에 확보가 가능해야 합니다. 국가 및 사회에 축적된 데이터 정보가 많이 있으면 좋은 층화지표를 찾을 수 있습니다. 조사자의 뛰어난 통찰이 요구됩니다.

한 대학교에서 최근의 학내 이슈에 대해 재학생들을 대상으로 여론조사를 한다고 합시다. 무엇을 층화 지표로 하는 것이 좋을까요? 소속 대학, 학년 또는 대학 · 학년을 기준으로 하는 방안이 무난해 보입니다. 조사항목이 성(性, gender) 또는 평균평점(GPA)과 밀접한 관련이 있다고 예상되는 경우에는 성 · GPA 구간을 층화 지표로 하고 싶을 수 있습니다. 그러나 성별 재학생 리스트 또는 GPA 구간별 재학생 리스트를 확보할 수 없다면 그런 아이디어는 무용지물입니다.

3. 집락표본추출과 층화집락표본추출

많은 경우 모집단 프레임이 모든 개체들의 리스트로 준비되어 있지 않습니다. 대신 개체 그룹인 집락(集落, cluster; 群集)들의 리스트를 쉽게 만들 수 있는 경우가 많습니다. 예컨대 서울특별시의 모든 가구들의 리스트를 확보하기는 불가능에 가깝겠습니다만 동(洞)의 리스트는 어렵지 않게 준비할 수 있습니다. 그런데 동은 다수 가구들로 구성된 집락입니다. 또 다른 예로서, 전국 고등학생 리스트는 준비하기 어렵습니다만 전국 고등학교 리스트는 어렵지 않게 구할 수 있습니다. 조사적 관점에서 고등학교는 고등학생들로 구성된 집락입니다.

집락이 지역 단위로 구성되는 경우에는 면대면 조사에서 면접원의 수고를 엄청 덜어낼 수 있습니다. 추출된 집락에 접근하면 한꺼번에 여러 명을 면접할 수 있기 때문입니다. 이런 이유로 면대면 조사에서는 집락표본추출을 계획하게 됩니다.

집락표본추출이 갖는 단점도 있습니다. 한 집락 내 개체들은 유사한 경향이 있기 마련인데 이 때문에 임의표본추출에서 기대하는 것만큼의 표본크기 효과를 기대하기 어렵습니다. 이에 대하여는 다음 정리가 잘 알려져 있습니다.

> A개의 동일 크기의 집락으로 구성되어 있는 모집단 프레임에서 a개의 집락을 임의로 추출하고 추출된 집락에서 b개의 개체를 임의로 추출한 경우,

- 집락표본추출의 유효표본크기(effective sample size) n_{eff}는 다음과 같이 표현됩니다.

$$n_{\text{eff}} = \frac{n}{1+(b-1)\rho},$$

여기서 $n\,(=ab)$은 원표본크기이고 ρ는 class내 상관계수(intraclass correlation)입니다 (곧 정의함). 거의 당연하게 $\rho \ge 0$이므로 집락표본추출의 유효표본크기는 원표본크기 n보다 작을 수밖에 없는데 그 정도는 class내 상관계수 ρ가 1에 가까울수록 심해집니다.

- class내 상관계수(intraclass correlation) ρ는 다음 식으로 산출됩니다.

$$\rho = \frac{\sum_i \sum_{j \neq j'} (y_{ij} - \bar{y})(y_{ij'} - \bar{y}) / \{ab(b-1)\}}{\sum_i \sum_j (y_{ij} - \bar{y})^2/(ab)}.$$

여기서 i는 집락을 지칭하고 j와 j'은 집락 내 개체를 지칭합니다. 그러니까 ρ는

$$\{\,(y_{ij}, y_{ij'}) \mid i = 1, \cdots, a;\ j, j' = 1, \cdots, b;\ j \neq j'\,\}$$

에 타점된 산점도에서 이변량 상관계수입니다. 같은 집락에 속한 개체들이 다른 집락에 속한 개체들에 비해 유사할수록 ρ 값이 커집니다.

class내 상관계수 ρ가 꽤 큰 경우 유효표본크기는 원표본크기에 비해 꽤 작게 됩니다. 예컨대 전국에서 100개 고등학교를 추출한 후 각 학교에서 100명씩 조사하여 총 10,000명을 조사하였다고 합시다. 그런데 각 학교내 학생들이 모두 동일하다면 실제로는 100명의 학생을 완전임의추출한 것과 같습니다. 이것은 집락표본추출이 조사의 편의성에 도움이 되는 방법이기는 해도 class내 상관계수가 크게 잡히지 않도록 집락을 설정할 필요가 있음을 의미합니다.

실제로 많은 조사들에서는 집락화와 층화가 복합화됩니다. 이런 표본추출설계를 층화집락표본추출(stratified cluster sampling)이라고 합니다. 예를 들어 볼까요?

- 전국 고등학교 학생들의 사교육 실태를 조사하기 위하여 학생들을 학교로 집락화합니다. 학교들은 지역(광역시·도)으로 층화됩니다.
- 서울특별시에서 주거환경만족도를 조사하기 위하여 시민들은 동(洞)으로 집락화합니다. 동(洞)들은 구(區)로 층화됩니다.

실제로 많은 조사들에서는 집락화와 층화가 복합화될 뿐만 아니라 집락화가 2단계(다단계)로 구성됩니다. 이런 표본추출설계를 층화다단계집락표본추출(stratified two(multi)-stage cluster sampling)이라고 합니다. 예를 들어 볼까요?

- 전국 고등학교 학생들의 사교육 실태를 조사하기 위하여 학생들을 학급으로 집락화하고 학급들을 학교로 집락화합니다. 학교들은 지역(광역시·도)으로 층화됩니다. 각 지역에서 일정 수의 학교를 추출하고 추출된 학교에서 일정 수의 학급을 추출하고 추출된 학급에서 일정 수의 학생을 추출합니다.
- 서울특별시에서 주거환경만족도를 조사하기 위하여 시민들을 통(統)으로 집락화하고 통을 동(洞)으로 집락화합니다. 동들은 구(區)로 층화됩니다. 서울특별시의 25개 구에서 일정 수의 동을 추출하고 추출된 동에서 일정 수의 통을 추출하고 추출된 통에서 일정 수의 시민을 추출합니다.

2단계 집락표본추출에서 1단계 추출단위(1차 집락)들의 크기가 상이한 경우[6] 이를 반영하는 방법에 두 가지가 있습니다. 한 방법은 크기에 비례하는 확률로 1차 집락들을 추출하는 크기비례 확률추출(PPS sampling, probability-proportional-to-size sampling)입니다. 다른 방법은 집락의 크기에 관계 없이 동일 확률로 추출하는 균등확률추출(equal probability sampling)입니다. 1단계에서 PPS 추출을 한 경우 2단계에서는 같은 수의 단위들을 뽑습니다. 반면 1단계에서 균등확률추출을 한 경우 2단계 추출에서는 1차 집락의 크기에 비례하는 표본 크기가 배정됩니다.

6) 학교 별로 학생 수가 다를 수 있고, 동(洞)별로는 주민 수가 다를 수 있습니다.

층화다단계집락표본추출과 같이 복잡한 표본추출에서의 통계적 추론 방법에 대하여는 표본추출론(sampling theory) 분야의 전문서적을 참고하길 바랍니다.[7)]

4. 체계적 표본추출

체계적 표본추출(systematic sampling)은 프레임 리스트가 일렬로 정렬된 경우 일정한 간격의 개체들을 추출하는 방법입니다. 예컨대 리스트에 $N\,(=100,000)$개 개체가 있고 이 중에서 $n\,(=1,000)$개 개체를 추출하고자 할 때, 일렬화된 리스트에서 매 $k\,(=100)$번째 개체를 추출하면 될 것입니다. 1부터 100까지 백 개의 숫자 중 1개를 뽑은 결과 그것이 14였다면 표본의 첫 개체는 14번째 것이고 나머지 999개 개체들은 그 다음 100번째 것, 그 다음 100번째 것, 그 다음 100번째 것, $\cdots$, 그 다음 100번째 것으로 체계적으로 결정됩니다. 즉 1,000개 개체 표본은 일련번호 14, 114, 214, 314, $\cdots$, 99,914로 구성됩니다.

개체들의 정렬순서에 아무런 경향성이 없는 경우 체계적 추출은 완전임의추출과 다를 것이 없습니다. 단순해서 좋은 정도입니다. 그러나 체계적 추출의 강점은 단순성에만 있는 것이 아닙니다. 일련번호에 따라 추세가 있는 경우 이 추출법은 그런 추세 효과의 영향을 효과적으로 배제합니다. 예컨대 일련번호에 따라 응답자의 구매력이 증가하는 경향이 존재하는 경우를 생각해봅시다. 체계적 추출표본에서는 작은 번호와 큰 번호가 균형있게 뽑히므로 우연하게 구매력이 큰 집단이 표본으로 선정된다든가 아니면 우연하게 구매력이 작은 집단이 표본으로 선정되는 일이 없습니다. 따라서 '구매력' 수준을 층으로 잡은 층화표본추출과 거의 같게 됩니다.

선거일 투표소 출구조사(exit poll)는 체계적 표본추출의 이러한 성질을 잘 활용하는 사례입니다. 이 조사는 선거일 투표 마감시각에 TV 뉴스 보도에 쓸 목적으로 시행되는데 투표 시작시각부터 마감시각까지 투표소 출구를 나오는 매 6번째 사람을 조사합니다.[8)] 그렇게 하면 아침 일찍 투표하는 경향이 있는 60대 유권자나 늦은 오후에 투표하는 경향이 있는 20대 유권자를 골고루 조사표본에 넣을 수 있게 됩니다. 또한 실사 관리가 쉬어집니다. 한 사람으로부터 응답을 받고 다섯 사람을 그냥 보내고 나서 그 다음 사람을 조사하면 됩니다.

홈 쇼핑 업체에서 고객 리스트는 회원 가입순서로 정해졌을 수 있습니다. 이런 경우 체계적 표본추출로 회원 가입순서에 있어 균형 잡힌 표본을 얻을 수 있습니다.

7) 성내경 (2000). ≪표본조사방법론≫. 자유아카데미.
김영원, 류제복, 박진우 譯 (2007). ≪표본조사의 이해와 활용≫ (원저: Elementary Survey Sampling by R.L. Scheaffer, W. Mendenhall and L. Ott). 교우사.

8) 5번째나 7번째로 정하기도 합니다. 간격 k값에 따라 표본크기가 달라집니다.

프레임 리스트의 크기 N이 표본 크기 n의 배수가 아니면 간격 k는 정수가 아니게 됩니다. 이런 경우 체계적 표본을 확보하는 방법은 다음과 같습니다.

1) 구간 $(0, k)$에서 임의 수(random number, 실수) 하나를 생성시켜 a_1으로 표기합니다. 표본의 첫 개체는 리스트의 $\lceil a_1 \rceil$번째 것으로 정해집니다. 여기서 $\lceil a \rceil$은 a의 ceiling이라는 것으로 a보다 큰 가장 작은 정수를 의미합니다. 예컨대 $\lceil 1.4 \rceil = 2$입니다.

2) $a_2, \cdots, a_n$을 다음과 같은 등차수열로 정의합니다.

$$a_i = a_{i-1} + k, \quad i = 2, \cdots, n.$$

3) 표본의 i번째 개체는 리스트의 $\lceil a_i \rceil$번째 것으로 합니다 $(i = 2, \cdots, n)$.

간단한 예를 들어 보겠습니다. 리스트의 크기 $N = 96$, 표본 크기 $n = 10$으로 주어졌다고 합시다. 이 경우 간격 k는 9.6으로 정수가 아닙니다.

1) a_1은 구간 $(0, 9.6)$에서 발생된 임의 수로 정해집니다. 그 숫자가 3.41로 나왔다고 하지요. 표본의 첫 개체는 리스트의 $4\,(= \lceil 3.41 \rceil)$번째 것이 됩니다.

2) $a_2, \cdots, a_{10}$을 앞 항에 9.6을 더해 얻습니다. 이에 따라 다음이 됩니다.

$$13.01,\ 22.61,\ 32.21,\ 41.81,\ 51.41,\ 61.01,\ 70.61,\ 80.21,\ 89.81.$$

3) 이에 따라 표본의 $2, \cdots, 10$번째 개체는 리스트의 14, 23, 33, 42, 52, 62, 71, 81, 90번째 것으로 정해집니다. 이 리스트에서 간격은 9 또는 10입니다.

다음은 체계적 표본을 얻기 위한 R 프로그램입니다.

```
# systematic sampling
N <- 96
n <- 10
(k <- N/n)
a1 <- runif(1,0,k)
(sample.list <- ceiling(seq(a1,N,k)))
length(sample.list)
diff(sample.list)
# end
```

5. Access 리스트에서의 표본추출

모집단 프레임으로부터 표본을 추출하는 것이 원칙이겠으나 인터넷 조사와 휴대폰 조사 등의 경우는 프레임을 구축하는 것이 매우 어렵습니다. 대한민국 인터넷 사용자 명부나 휴대폰 번호부 같은 것이 없기 때문입니다. 이런 프레임 문제를 우회하는 한 방법은 각종 인터넷 웹 사이트에서 조사 받기를 원하는 자원자(volunteer)를 모집하여 리스트로 만들고 그 리스트에서 표본추출하는 것입니다. 이런 표본추출 리스트를 조사업계에서 Access 패널이라고 합니다만 이 책에서는 Access 리스트라는 용어를 쓰도록 하겠습니다.[9)] 이런 자원자들은 종종 전자우편이나 휴대폰 문자 메시지를 통해 조사요청을 받게 되고 실제 조사에 응하게 되면 사례금 또는 사례품을 받게 됩니다. 구글에서 '리서치 패널 모집'을 쳐보세요.

이런 식으로 가입 회원수가 100,000-1,000,000명에 이르는 꽤 큰 리스트가 만들어지기도 합니다. 그렇지만 이런 리스트의 가치에 대하여 학계의 이론가들은 회의적입니다. 왜냐하면 이들이 자원자이므로 자기선택효과(self-selection effect)가 있을 수 있기 때문입니다. 그러나 이들을 지역·성·연령대 등 각종 인구사회적 속성과 사회심리적 성향으로 통제하는 경우 자기선택효과를 어느 정도 억제할 수 있습니다. 이 절에서는 확보된 Access 리스트에서 모집단 특성과 가급적 일치하는 표본을 추출해내는 데 주안점을 두고자 합니다.[10)]

매우 당연하게 Access 리스트의 각종 인구사회적 속성 분포는 모집단의 것과 차이를 보일 것입니다. 인터넷 공개 모집을 통해 확보된 Access 리스트는 지역과 성의 분포에서 모집단과 다소의 편차를, 연령대 분포에서는 모집단과 큰 편차를 보입니다. 50대와 60대 이상에서는 인터넷의 적극적 활용자가 적기 때문입니다. 뿐만 아니라 학력 분포, 직업 분포와 소득 분포도 모집단과 다를 가능성이 많습니다.

Access 리스트에서 추출되는 표본이 지역·성·연령대 분포에서 모집단과 일치되도록 하기 위하여는 지역·성·연령대 조합(cell)에 모집단 크기에 비례하는 표본을 배정하면 될 것입니다.[11)] 그러나 통제하고자 하는 속성 변수가 지역, 성, 연령대의 3 가지라고 하더라도 Access 리스트가 충분히 크지 않은 경우와 지역, 성, 연령대 외에 학력, 직업, 소득 중 1-2개를 추가하여 통제하고자 하는 경우에는 더 이상 그런 방법이 통하지 않게 됩니다. 왜냐하면 조합 수가 고려하는 통제 변수의 추가에 따라 초기하적으로 증가하기 때문입니다.[12)]

---

9) 여러 시점에서 동일 응답자를 추적 조사하는 패널 조사의 '패널'과 혼동의 우려가 있기 때문입니다.

10) 사람들을 사례금/사례품으로 공개적으로 유인하기 보다는 확률적 표본추출을 통하여 접촉된 응답자에 향후 인터넷 웹 또는 휴대폰 조사에 협조해줄 것을 요청하는 방법이 훨씬 낫겠습니다.

11) 이것은 일종의 층화추출이지만 흔히 할당추출(quota sampling)이라고 합니다.

12) 16개 지역, 2개 성, 5개 연령대를 통제하는 경우 조합 수는 160 (=16*2*5)개이고 여기서 4개 수준

다음은 p개의 속성 변수를 통제하여 크기 N의 Access 리스트로부터 크기 n의 표본을 추출하는 방법입니다.[13)]

0) 리스트의 모든 개체에 p개의 속성 변수를 기준으로 rim 가중치 $w_1, \cdots, w_N$를 부여합니다 (2장 참조). 절단값 c의 첫 값을 4 또는 5로 둡니다.

1) 가중치의 총계가 리스트의 크기인 N이 되도록 척도화하고 개체가중치가 절단값 $c(= 4$ 또는 $5)$보다 크면 절삭처리합니다.

2) 0과 가중치 총계 구간에서 다음 성질을 갖는 수열 $a_1, \cdots, a_n$을 빼냅니다.

   - 항 간 간격은 $k = N_0/n$입니다 (equal displacement). 여기서 N_0는 패널 리스트에 부여된 현재 가중치의 총계이고 n은 목표 표본의 크기입니다.
   - 초항 a_1은 구간 $(0, k)$에서 임의로 선택됩니다 (random selection).
   - $k \le c$이면 1개 개체가 2회 이상 추출될 가능성이 있으므로 절단값 c를 k로 바꾸고 단계 1)로 돌아갑니다.

3) 각 $i\,(= 1, \cdots, n)$에 대하여, 개체 가중치의 누적합(cumulative sum)

$$W_j = \sum_{j'=1}^{j} w_{j'}, \quad j = 1, \cdots, N$$

의 수열(sequence)에서 a_i를 초과하는 가장 작은 index l_i를 찾아냅니다. 즉

$$l_i = \min\{\, j \mid W_j > a_i, \ \ j = 1, \cdots, N\}, \quad i = 1, \cdots, n.$$

예를 들어, 6,854명(=N)으로 구성된 Access 리스트에서 1,000명(=n)을 뽑기로 합시다. 광역시·도(16개 수준), 동·읍면(2개 수준), 성(2개 수준), 연령대(5개 수준) 등을 기준으로 rim 가중치가 부여되어 있다고 가정하고 c를 4로 하기로 하겠습니다. rim 가중치가 부여된 리스트에서 총 158명에 대한 가중치가 c로 절삭되어 이에 따라 가중치 총계가 $5{,}927(= N_0)$이 되었고 추출 간격 k는 $5.93(= N_0/n)$이 되었습니다. 첫 항 a_1을 구간 $(0, k)$에서 임의로 뽑은 결과 3.15였습니다. 다음 항 a_2는 $9.08\,(= 3.15 + 5.93)$입니다.

절삭 처리된 가중치의 누적합을 구해보면 0.56, 1.12, 1.68, 2.24, 2.80, 3.36, 3.92, 4.48, 5.04, 5.60, 6.16, 6.72, 7.28, 7.84, 8.40, 8.96, 9.52, 10.08, 10.64, 11.20, $\cdots$ 였으므로 리스트에서 표본으로 뽑히는 개체 번호는 6, 17, $\cdots$ 등입니다.

의 학력을 추가하는 경우엔 조합 수가 640 (=16*2*5*4)로 늘어납니다.

13) 조성겸 · 허명회 (2009). 인터넷 자원자 표본에 대한 추정방법 연구, 통계청 연구보고서.

다음 R 프로그램을 보세요. sample에 표본개체 n개가 실려 나옵니다. 이렇게 얻어진 표본은 Access 리스트에 비하여 훨씬 모집단에 가깝게 됩니다.

```
# Sampling from the Weighted Access List, "access-list sampling.r"
library(foreign)
list <- read.csv("access-list-weighted.csv",header=T)
attach(list)
(N <- nrow(list))
(N <- sum(w))
mean(w)
n <- 1000
c <- 4
sum(w > c)
w1 <- w
for (i in 1:N) w1[i] <- min(w[i],c)
k <- sum(w1)/n
while(c > k){
     c <- k
     for (i in 1:n) w1[i] <- min(w1[i],c)
     k <- sum(w1)/n
}
k <- sum(w1)/n
c; round(k,2)
set.seed(20100120)
start <- runif(1,min=0,max=k)
sequence <- seq(start,sum(w1),k)
select <- rep(0,n)
cum.w1 <- cumsum(w1)
sample <- rep(n,n)
for (j in 1:n) {
   ind <- (cum.w1 < sequence[j])
   sample[j] <- which.min(ind)
}
head(sample); tail(sample)
# sample
# end
```

6. 전화번호 표본추출

우리나라의 전화조사(telephone survey)는 아직도 대부분 전화번호부를 프레임으로 하고 있습니다. 그래서 두 가지 큰 문제가 있습니다. 첫째, 전화번호부에는 유선전화를 가진 모든 가구가 등재되어 있지 않다는 문제가 있습니다. 둘째, 휴대폰만 가진 가구(mobile-only household)가 증가하고 있어서 유선전화로 접근하는데 한계가 있습니다. 이 절에서는 앞의 문제를 해결하고자 하였던 강현철 외 4인 (2008)이 연구한 RDD(random digit dialing, 임의번호걸기) 방법을 소개하고자 합니다.[14)]

우리나라 가구 중 유선전화를 보유한 가구는 대략 95% 정도이지만 아래 표에서 보듯이 많은 번호들이 비등재되어 있습니다. 전화번호 등재율은 지역에 따라 큰 차이가 있어서 대체로 대도시 지역은 낮고 농촌 지역은 높은 것으로 알려져 있습니다. 비등재(unlisting)의 이유는 사생활과 개인정보의 침해를 우려하기 때문으로 생각됩니다. 사정이 이러하므로 앞으로는 등재율이 더욱 낮아질 것으로 보입니다. 더 이상 전화번호부에 의존하기가 어렵습니다.

	등재	비등재	전체
일반가구용	9,418,678	7,036,729	16,455,407
업종/상호용	4,490,707	5,688,240	10,178,947
총계	13,909,355	12,724,969	26,634,324

우리나라의 전화번호는 지역번호 2-3개 숫자, 국번호 3-4개 숫자, 가입자 번호 4개 숫자로 되어 있는데, RDD 방법이란 이 중에서 가입자 번호 4개 숫자를 임의로 생성시켜 전화하는 방법입니다. 물론 전국의 지역번호와 국번호가 사전 파악되어 있어야 합니다. 이 방법은 1970년대 미국에서 처음 개발되었는데 미국의 전화번호 체계는 우리와 비슷하지만 가입자 번호들이 클러스터(cluster)되어 있어 미국에서는 교묘한 RDD 방식이 고안되었습니다.

우리나라의 RDD 방법으로 이 연구에서 개발된 방법은 다음과 같습니다.

1) 최신 인명편 전화번호부에 존재하는 모든 (지역번호를 포함한) 국번호를 추출하였습니다 (2008년 당시 지역번호·국번호의 조합은 총 4,615개).

2) 지역번호·국번별로 0001부터 9999까지의 전화번호를 생성하였습니다. 이에 따라 총 $46,145,385\,(= 4,615 \times 9,999)$개의 전화번호가 생성되었습니다.

14) 강현철 · 한상태 · 김지연 · 정용찬 · 허명회 (2008), "RDD 전화조사와 주요결과", ≪조사연구≫ **9**(1), 1-22.

그림 1: CATI (Computer Assisted Telephone Interview) 시설 (`http://bsru.org`)

3) 그 가운데 업종상호편에 등재(수록)되어 있는 4,490,707개의 전화번호를 제거하였습니다. 이에 따라 $41,654,678\,(=46,145,385-4,490,707)$개의 번호가 RDD 데이터베이스에 남았습니다.

4) 지역번호를 활용하여 데이터베이스에 16개 광역시·도 코드를 넣었습니다.

RDD 전화면접 절차는 다음과 같습니다.

1) CATI(Computer Assisted Telephone Interview) 시스템에 의해 생성된 임의번호에 대하여 전화걸기를 시도합니다 (그림 1 참조).

2) 결번 여부, 통화성공·부재중·통화중 등 전화번호의 상황을 체크합니다.

3) 전화 받는 장소 (일반가구, 가구·상가 복합, 사무실·전용상가), 지역(시도 및 시군구) 등 기본사항을 기록합니다.

4) 통화자의 성·연령 및 적합한 조사 대상자(성·연령)의 재택 여부를 체크합니다.

5) 적격 응답자의 경우 접촉을 시도하여 면접을 진행합니다.

이 데이터베이스를 조사회사의 CATI 시설에 붙여 실제 전화조사에서 활용하여 보았습니다. 그 결과 통화를 시도한 전화번호 중 유효번호(조사완료, 조사거부·중단, 할당불일치, 통화중, 부재중) 63,636개를 인명편 전화번호 DB와 비교하여 보니 29,096개(45.7%)가 인명편 전화번호에 등재되어 있었고, 34,540개(54.3%)가 등재되어 있지 않았습니다. 또한 조사완료 전화번호 4,858개 중 2,577개(53.0%)가 인명편 전화번호에 등재되어 있었고, 2,281개(47.0%)가 등재되어 있지 않았습니다.

표 1: 등재번호와 비등재번호의 가구소득 분포

월소득	등재	비등재
500만원 이상	199 (9.6%)	257 (13.8%)
400-500 만원	176 (8.5%)	213 (11.4%)
300-400 만원	299 (14.4%)	349 (18.7%)
200-300 만원	487 (23.5%)	496 (26.6%)
100-200 만원	387 (18.7%)	322 (17.3%)
100만원 미만	527 (25.4%)	228 (12.2%)
합계	2,075 (100%)	1,865 (100%)

* 무응답 제외: 등재번호 569명, 비등재번호 493명

표 2: 등재번호와 비등재번호의 학력수준 분포

학력수준	등재	비등재
대학원재 이상	92 (3.6%)	136 (5.9%)
대학졸/대학재	1,048 (40.6%)	1,092 (47.3%)
고등학교졸	756 (29.3%)	768 (33.3%)
중학교졸 이하	688 (26.6%)	311 (13.5%)
합계	2,584 (100%)	2,306 (100%)

* 무응답 제외: 등재번호 59명, 비등재번호 51명

등재 번호와 비등재 번호가 인구사회적 특성에 있어 차이가 있는가를 살펴본 결과, 등재 번호에 비해 비등재 번호가 가구소득과 학력수준이 다소 높은 것으로 나타났습니다. 표 1과 표 2를 보기 바랍니다 (지역·성·연령대 가중치 보정 결과). 가구소득과 학력수준은 사회경제적 영향력이 상당히 큰 요인이니만큼 전화번호부에 의한 전화조사들에 주요한 편향이 있을 수 있음을 의미합니다.

우리나라 전화조사는 1980년대 후반부터 여론조사 및 예측 기법으로 가치가 인정되면서 조사의 신뢰도에 대한 사회적 평가도 양호한 편입니다. 주요 조사전문기관들은 CATI 시설을 갖추었습니다. 그럼에도 불구하고 우리나라 전화조사는 전화번호부를 모집단 프레임으로 하고 있어서 믄제의 소지가 다분합니다. 우리나라 실정에 맞는 효율적인 RDD(random digit dialing, 임의번호 걸기) 방법이 더욱 개발되어 활용되어야 합니다.

부록: PPS 표본추출

다음은 PPS 표본추출을 하는 R 프로그램입니다. 100개 개체를 size= $(1, 2, \cdots, 100)$에 비례하는 확률로 $n\,(=10)$개 개체를 추출하도록 되어 있습니다.

```
# PPS sampling
n <- 10
size <- 1:100
sample.list <- sample(1:100,n,prob=size)
sort(sample.list)
# end
```

질문/문제

1. $1, \cdots, 100$으로 일련번호화된 리스트에서 10개 개체를 단순임의추출해보세요. 추출 개체들을 번호순서로 정렬하였을 때 연이은 일련번호 간 간격의 최소값, 최대값과 평균을 구해 보세요.
2. 우리나라 16개 광역시·도에 제곱근 크기(=$\sqrt{N_h}$)에 비례하는 표본 배분을 해 보세요 (표본크기 1,000).
3. 인터넷을 검색하여 층화 3단계 집락추출된 조사 사례를 찾아 제시해 주세요.
4. 출구조사에서 일정 시간 간격으로 응답자를 면접하는 체계적 추출로 조사자료를 수집하는 경우 무엇을 가중치로 하여야 할까요?
5. (R optional) 5절의 Access 리스트에서의 연령대 분포와 크기 1,000의 추출표본에서의 연령대 분포를 비교해 보세요.

4장. 조사방식 Survey Modes

조사는 그 방식에 의하여 크게 영향을 받습니다. 조사방식에는 면대면, 우편, 전화, 웹 조사 (인터넷 조사) 등이 있습니다. 면대면 조사와 전화조사는 면접원이 조사를 진행하는 반면, 우편조사와 웹(Web) 조사는 응답자 스스로 조사표에 응답하게 됩니다. 그리고 최근에는 전화조사에서 휴대폰 조사와 ARS 조사 등이 갈라져 나왔고 다양한 형태의 웹 조사가 등장하였습니다.

1. 면대면 조사

면대면(面對面; FTF, face-to-face) 조사는 면접원(面接員, interviewer)과 응답자(應答者, respondent)가 얼굴을 맞단 상태에서 질문하고 응답하는 방식의 조사입니다. 그러나 면접원이 질문자/기록자의 역할을 하는 데 그치지 않습니다. 면접원은 응답자를 확보하고 응답자의 참여 동기를 진작하고 응답자가 말하고자 하는 것은 짚어내며 응답자가 질문 내용을 명확히 이해하도록 돕습니다 (recruiting, motivating, probing, clarifying). 이렇듯 면접원은 많은 역할을 합니다.

면대면 조사에서 면접원/면접 효과(interviewer/interviewing effect)는 상당할 수 있습니다. 두 가지만 들자면 사회적 존재감과 답 항 위치의 효과입니다.

첫째, 면접원은 응답자에게 사회적 존재(social presence)로 비춰집니다. 이에 따라 조사내용이 성/마약/위법 등 사(私)생활이나 사회적 일탈에 관한 것인 경우에는 응답자가 의도하지 않았던 반응을 할 수 있습니다. 예컨대 성적 행태에 대하여는 축소/과장된 반응을 보이고 사회적으로 바람직하지 않은 행태에 대하여 응답자가 솔직하게 보고하지 않습니다. 사회적 존재감은 면접원의 겉모습과 표정, 말투, 음성 등에 따라서 응답자에게 다르게 비춰질 수 있습니다. 전화조사에서 사회적 존재감은 말투와 음성으로 전달됩니다. 면접원 효과가 일부 있는 셈입니다. 혼자서 응답하는 우편조사나 웹 조사에서는 응답자가 느끼는 사회적 존재감은 작습니다.

둘째, 면접원이 질문을 읽어주고 응답자가 선택할 수 있는 답 항을 열거하면서 앞머리 효과(primacy effect)와 방금 효과(recency effect)가 일어날 수 있습니다. 여기서 앞머리 효과는 먼저 말해준 답 항에 쏠리는 효과를 말하는데 응답자가 답 항을 모두 듣지 않은 상태에서 선택을 말해 버리는 경우에 발생합니다. 방금 효과는 응답자가

들은 마지막 답 항을 선택하는 경향을 말하는데 앞에 들은 답 항들은 이미 잊었기 때문입니다. 이렇게 앞·뒤에 쏠리다보면 중간에 위치한 답 항들은 덜 선택될 수밖에 없습니다. 우편조사와 웹 조사에서는 질문과 답 항이 한 페이지로 인쇄되어 응답자에 제시되므로 FTF 조사에 비하여 앞머리 효과가 더 하고 반면 방금 효과는 덜 합니다. 답 항의 위치에 따른 차별적 효과가 나타나지 않게 하려면 답 항의 순서를 교대로 바꿔 놓아야 합니다.[1)]

면접원이 컴퓨터에서 질문지를 읽고 컴퓨터에 응답내용을 입력하는 FTF 조사방식을 CAPI(Computer Asssited Personal Interview)라고 합니다. 응답 자료에 대한 별도의 편집이 필요 없습니다. 자료 값에 논리적 문제가 있는 경우 컴퓨터가 면접원(입력자)에게 곧바로 알려주기 때문입니다. 응답자가 면접원으로부터 컴퓨터를 넘겨 받아 컴퓨터에서 질문지를 읽고 자신의 응답을 컴퓨터에 스스로 입력하는 조사방식을 CASI(Computer Asssited Self-Interview)라고 합니다. 민감한 질문이 포함된 경우엔 이런 방법이 좋습니다.

FTF 조사는 실사에 앞서 치밀한 면접원 교육(interviewer trainining)이 필요합니다. 조사 취지, 응답자/응답가구 선정, 조사 규칙, 응답자료 코딩/입력, 역할 연습, 조사윤리 등에 대한 워크숍이 필요합니다.

면접원은 임의로 선택된 응답자 또는 응답가구를 접촉하기 위하여 체계적 시도를 하게 됩니다. 조사 취지와 응답자/응답가구 선택과정, 방문시각 등을 사전에 통지할 필요가 있습니다. 일정수준의 응답률을 확보하기 위해서 요일과 시각을 달리한 재방문 등이 필요합니다.

최근 1인 가구와 맞벌이 가구의 증가, 범죄의 우려, 사생활 노출 등의 문제로 가구방문 조사는 점점 더 어려워지고 있습니다. 다른 방법에 비하여 조사비용이 상당히 비싸고 조사기간도 깁니다. 면접원에 교육 및 조사 수당이 제공되어야 하고 응답자에 대하여는 매력적인 인센티브가 제공되어야 합니다. 그러나 면대면 조사는 그 만큼의 효용이 있습니다. 질문지의 구조가 복잡한 경우, 질문 문항 수가 많은 경우, 높은 응답률과 자료 질이 요구되는 경우, 수차례에 걸친 반복조사가 요구되는 경우에서는 이것만한 방법을 찾기 어렵습니다.

개별 면접이 어려운 경우에는 응답자들은 특정 장소·시각에 모이게 하여 한꺼번에 여러 명을 조사하는 집단 조사(gang survey)를 할 수도 있습니다. 마케팅 조사에서 제품/광고를 보여주고 소비자 반응을 측정하고자 하는 경우 활용됩니다.

---

1) 예컨대 답 항이 1, 2, 3, 4인 경우엔 1-2-3-4, 2-3-4-1, 3-4-1-2, 4-1-2-3 등 다른 순서로 배열된 질문지를 번갈아 사용할 필요가 있습니다. 미국 대통령 선거의 경우에는 카운티 별로 후보자 이름이 다른 순서로 인쇄된 투표지를 사용합니다.

2. 우편조사

우편조사(mail survey)는 우편을 활용하는 조사입니다. 최근에는 우체국 우편 외에 전자우편으로도 할 수 있습니다. 면대면 조사와 크게 다른 점은 우편조사에서는 면접원이 없다는 점입니다. 민감한 내용의 조사에서는 면접원 효과(사회적 존재)로부터 비교적 자유롭습니다.

우편조사에서 응답자와 면접원의 상호작용이 없다는 점은 조사에 불리하게 작용하는 측면이 있습니다. 응답자들은 다른 사람의 독려 없이 조사참여 여부를 결정하게 됩니다. 조사협조 동기가 약할 수밖에 없습니다. 이에 따라 응답률이 심각히 낮을 수 있습니다. 우편조사에서 성공의 관건은 응답자의 협조를 얻어내 일정 수준 이상의 응답률은 확보하는 데 있습니다.

다음은 응답률이 높은 우편조사를 위해 Dillman 교수가 제시한 표준적 절차입니다.[2)]

1) 예고엽서(prenotice letter): 질문지 발송에 며칠 앞서 응답자에 조사를 예고하는 편지를 보냅니다. 조사에 대해 간단히 설명하고 협조를 당부하는 내용 정도로 합니다.

2) 질문지 발송(questionnaire mailing): 질문지 겉장(cover letter)에 많은 신경을 씁니다. 조사의 취지, 조사 내용, 응답자 정보 보호, 인센티브 제공, 조사기관, 질의처 등을 밝힙니다.

3) 감사 카드("thank you" postcard): 질문지 발송 며칠 후, 질문지 응답에 감사하며 아직 응답을 마치지 않은 경우 협조를 당부한다는 글을 넣은 감사 카드를 발송합니다.

4) 질문지 재발송(replacement questionnaire mailing): 첫 질문지가 나간 뒤 1-2주일 후, 응답 질문지가 도착하지 않은 경우 질문지를 재발송하면서 다시 한 번 조사 협조를 부탁합니다.

5) 최종 접촉(final contact): 재발송 질문지에도 반응이 없는 응답자에게는 전화 또는 특급우편 등을 통해 질문지 회수 마감일이 거의 되었음을 알립니다.

이 방법에 의하면 각 응답자는 3-4회에 걸쳐 질문지 응답의 기회를 갖게 됩니다. 각 단계에서 응답률이 한 단계씩 상승하게 될 것입니다.

이 외에 Dillman 교수는 성공적인 우편조사를 위한 근본 요소로 응답자 친화적 설문지(respondent-friendly questionnaire), 1급 우편 우표가 부착된 반송봉투(return

---

2) Dillman, D.A. (2000). *Mail and Internet Surveys: The Tailored Design Method* (Second Edition), Wiley, New York. p.151.

envelope with real first-class stamp), 서신의 개인화(personalization of correspondence), 금전적 인센티브의 선지급(token prepaid financial incentives) 등을 제시하였습니다.[3)]

조사완료 후 큰 인센티브를 제공하는 것보다는 작은 인센티브를 선(先)제공하는 것이 좋다는 것이 조사학계의 일반적인 견해입니다. 이에 대하여는 수많은 실험적 연구가 있었는데 한 두 예를 보기로 할까요?[4)]

J. Carlson은 1996년 연구에서 미국 Idaho 주에 새로 이주한 사람들을 대상으로 하였는데 제1 그룹에는 2달러의 현금이 선지급되었고 제2 그룹에는 300달러의 현금을 추첨으로 지불한다는 약속을 하였으며 제3 그룹에는 아무런 인센티브도 주어지지 않았습니다. 그 결과 제1 그룹의 응답률은 73%였고 제2 그룹의 응답률은 58%였으며 제3 그룹의 응답률은 54%였습니다. 제1 그룹과 제2 그룹 간 응답률의 차이가 상당한 것을 볼 수 있습니다. T. Johnson과 S. McLaughlin의 1990년 연구에서는 5달러를 선지급한 그룹에서는 응답률이 83%였던 반면 응답 질문지를 보내주면 10달러를 주겠다고 약속한 그룹에서는 응답률이 72%였습니다. 이는 아무 인센티브도 제공되지 않은 그룹에서의 응답률과 비슷하였다고 합니다.

이와 같이 되는 이유는 조사 요청-응답이라는 사회적 교환(social exchange)에 있어 상호 신뢰가 중요하기 때문으로 생각됩니다. 사례금/사례품을 질문지 응답에 앞서 미리 준다는 것은 조사자가 응답자에게 신뢰감을 갖고 있다는 제스처이니까요. 그러나 이런 연구들이 대부분 미국에서 된 것들이므로 우리가 그대로 받아들여야 할지는 생각을 해봐야 합니다. 우리의 사회심리는 좀 다를 수 있으므로 확인 실험적 조사연구가 필요합니다.

개인적 용도로는 우체국 우편을 점점 덜 쓰는 것이 일반적 추세입니다. 우편조사가 조사방법으로서 향후 쇠퇴할 가능성이 있습니다.

직장, 학교 구성원이나 홈 쇼핑 고객과 같이 특정 속성의 집단이 조사대상인 경우에는 어렵지 않게 전자우편(e-mail) 주소를 확보할 수 있습니다. 이런 경우에는 전자우편으로 질문지를 전달하고 답장 우편(reply mail)으로 질문지를 회신 받을 수 있습니다. 이러한 전자우편 조사는 우체국 우편조사와 크게 다른 점이 별로 없습니다. 예컨대 전자우편을 개인화하여 첫 행이 "○○○님께"가 되어야 하고 수차례 질문지 응답 요청을 해야 합니다. 그러나 세세한 점 한 두 가지는 다릅니다. 첫째, 전자우편의 제목을 잡는 데 특별히 신경을 써야 합니다. Spam mail로 보이면 안되니까요. 둘째, 응답자 인센티브가 온라인으로 제공되어야 하므로 적절한 아이디어가 있어야 합니다.

3) Dillman, D.A. (2000) 앞의 책, 150-153쪽.
4) Dillman, D.A. (2000) 앞의 책, 169-170쪽, 167쪽.

3. 전화조사

전화조사(telephone survey)는 유선전화(landline phone, fixed phone) 조사와 휴대폰(mobile phone) 조사로 구분됩니다. 이 절에서는 유선전화 조사에서 시작하기로 합니다.

전화조사는 면접원이 전화번호부에서, 또는 CATI 시스템에서 임의생성된 번호에 전화를 걸어 누군가가 전화를 받으면 그 사람 또는 그의 가족 중 한 사람을 조사하는 방법입니다. 우리나라에서는 대부분의 경우 모집단 프레임으로 전화번호부를 쓰지만 그 방법에 많은 문제가 있음은 이미 기술된 바 있습니다 (2장 6절 참조). 그보다는 임의번호 리스트가 훨씬 나은 프레임입니다.

전화조사는 면접원을 쓴다는 점에서 면대면 조사와 같지만 조사비용이 훨씬 저렴하고 조사시간도 훨씬 짧습니다. 그렇다고 하루 만에 마칠 수 있는 것은 아닙니다. 현대 사회의 특성 상, 가구내 재택시간이 짧으므로 조사를 위해 전화를 걸면 '전화받지 않음'의 비율이 상당히 큽니다. 원칙적으로는 이와 같은 부재중 가구에는 재통화(call-back)를 수 차례 하여 응답자와 접촉해야 합니다. 외국에서는 10회 이상의 재통화도 하는 것으로 보고되고 있습니다만 최소 2회 재통화(총 3회 통화)가 필요하므로 하루 만에 실사를 완료하기는 어렵습니다. 최소 2-3일이 요구됩니다. 가능하면 주말을 포함하도록 하는 것이 좋습니다.

전화조사는 면대면 조사에 비해 거절률이 높은 편입니다. 그 이유는 전화조사가 오직 음성에 의한 커뮤니케이션이라는 점 그리고 인센티브 제공이 어렵다는 점 때문입니다. 과조사 효과(over-surveying effect)가 배경원인이기도 합니다.

전화조사에서 응답자는 깊게 생각한 의견을 내기 어렵습니다. 전화조사는 시간의 제약을 받습니다. 전화조사에서는 응답자가 질문을 이해하는 데 한계가 있습니다. 따라서 전화조사에 의한 여론조사가 피상적 마음(top of the mind)을 알아본 데 불과하다는 비판을 받습니다. 조사결과가 어느 정도 숙고된 의견(deliberated opinion)이 아니라 단순한 인기도(popularity)일 수 있습니다.

이러한 제약에도 불구하고 우리나라에서 사회여론조사의 방법으로 전화조사가 가장 많이 쓰입니다. 전화조사가 조사를 빨리 마칠 수 있고 비교적 저렴한 비용으로 가능하다는 점 때문일 것입니다.[5] 그렇지만 제대로 된 전화조사가 시행되는 경우는 매우 적습니다. 우리나라 전화조사에서 RDD 방법과 3회 통화규칙의 적용은 향후 개선이 요구되는 핵심 사항입니다.

5) 민간 조사전문기관에서 전화비용의 단가는 10,000원 정도입니다. 미국/일본 등과 비교해서는 민망할 정도로 낮은 가격입니다.

전화조사와 유사한 것으로 ARS(Automatic Response System) 조사가 있습니다. ARS 조사는 조사안내, 참여요청, 질문과 답 항 읽기 등 전화조사에서 면접원이 하는 일을 모두 녹음해두고 이것을 활용하는 방법입니다. 그리고 임의생성된 번호에 전화를 걸어 사람이 전화를 받으면 녹음이 나오고 다행히 응답자가 전화를 끊지 않는 경우 질문과 답 항을 읽어주고 응답자에게 1, 2, 3, 4 등 숫자 버튼을 눌러 응답하도록 합니다.[6)]

ARS 조사의 최대 장점은 저렴한 조사비용에 있습니다. 면접원 인건비가 들지 않기 때문입니다. 그러나 전화를 받으면 실제 사람이 아니라 녹음이 흘러 나오므로 응답자가 그냥 전화를 끊을 가능성이 실제 전화조사에 비하여 클 것으로 보입니다. 조사거절률에 있어 실제 전화조사와 ARS 조사가 어느 정도의 차이가 있는지, 실제로 조사결과에 있어 어떤 차이가 있는지에 대하여 실험적 비교연구가 필요합니다.

휴대폰 조사(mobile phone survey)는 전화조사와 상당한 차이가 있습니다. 두 조사는 모집단 프레임부터 다릅니다. 휴대폰의 경우에는 유선전화와는 달리 전화번호부가 있는 것이 아니고 그렇다고 휴대폰 임의번호(random digits)에 전화를 걸 수도 없습니다. 따라서 휴대폰 조사를 위해서는 사전에 준비된 Access 리스트가 필요합니다 (2장 5절 참조). 그리고 표본은 Access 리스트에서 추출됩니다.

표본 응답자에 대한 조사협조 요청은 휴대폰 문자메시지(SMS)로 합니다. 요청을 받아들인 응답자가 조사회사에 전화를 걸면 ARS 조사 시스템이 작동하여 녹음된 질문과 답 항이 나오고 응답은 버튼 누름으로 전달됩니다.

휴대폰 조사는 전화조사에 비해 좋은 점이 몇 가지 있습니다. 첫째, 조사협조 요청이 SMS로 간다는 점입니다. 어느 날 아무 시각에 전화 벨을 울려 조사를 하자고 하는 것이 아닙니다. 정해진 기일 내에서는 아무 시각에나 응답해도 되므로 사생활 침해 정도가 적습니다. 둘째, 휴대폰 조사는 전화조사와는 달리 응답자에 금전적 보상을 합니다. 따라서 응답자가 어느 정도 책임감을 가지고 조사에 응하게 될 것으로 기대할 수 있습니다. 셋째, 젊은 사람들의 재택률이 무척 낮기 때문에 현재로서도 20대와 30대에 대한 전화조사가 쉽지 않습니다. 앞으로 1인 가구 비율이 증가할 것이고 1인 가구에서는 유선전화를 갖지 않는 경향이 높아질 것으로 보입니다. 그러나 휴대폰 조사는 이런 사회적 추세로부터 영향을 받지 않습니다.

그럼에도 불구하고 표본추출은 Access 리스트에 의존할 수밖에 없다는 점이 한계로 남습니다. Access 리스트가 어떻게 얻어졌는가, Access 리스트 표본에 어떤 성향적 보정을 하는가에 따라 조사결과에 편향(偏向, bias)이 없어질 수도 있으나 남을 수도 있습니다. 다음 절에서 이런 이슈를 다룰 것입니다.

6) 학술적으로는 TDE(Touchtone Data Entry) 조사라고 합니다

4. 웹 조사 (인터넷 조사)

인터넷 웹 조사에는 단순한 온라인 조사부터 확률표본 조사까지 다양한 형태가 있습니다. 그림 1은 2010년 1월 23일 CNN 웹 사이트에 실린 온라인 조사의 한 예입니다. 웹 사이트 방문자를 대상으로 조사참여를 요청하고 참여자에 대하여는 그 때까지의 집계결과를 알려줍니다. 이런 조사는 아무리 참여한 응답자 수가 많더라도 일반 사회조사로 보기 어렵습니다.

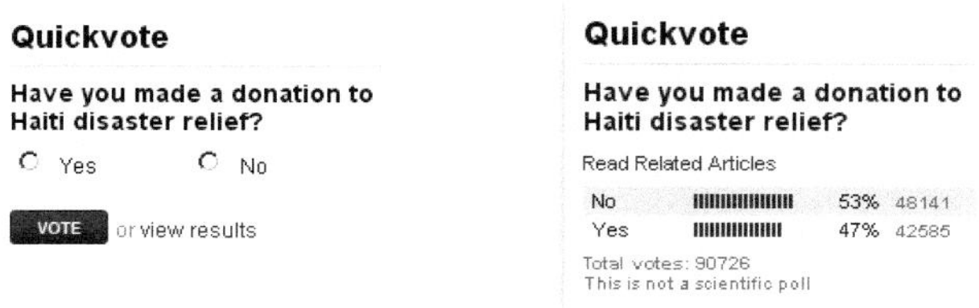

그림 1: 온라인 조사의 예 (`http://www.cnn.com`, 2010/01/23)

이에 대조되는 방식은 확률 패널 웹 조사입니다. 그 한 예가 Knowledge Networks 사의 웹 조사인데 그 회사는 RDD(Random Digit Daialing) 방법과 전국 주소 리스트로부터 확률적인 방법으로 50,000명 규모의 Access 패널을 구축하였습니다. 만약 패널 구성원이 컴퓨터가 없거나 인터넷이 연결되지 않는 경우엔 회사가 시설을 갖추어 주었습니다. 그러므로 회사는 Access 패널 구축에 상당한 비용이 들었을 것입니다. 그 회사 홈 페이지(`http://www.knowledgenetworks.com`)에 가보면 머리글이 다음과 같습니다: "Knowledge Networks is the only company to bring scientifically valid, affordable research to the online space, guiding leaders in business, government and academia". 이처럼 Knowledge Networks 사는 온라인 공간에서 과학적으로 타당한 연구를 수행하는 유일한 조사기관임을 자랑합니다.

Knowledge Networks 외에 대다수의 웹 조사를 하는 전문기관들은 자원자 Access 리스트를 구축하고 이로부터 웹 조사를 위한 표본추출을 합니다 (3장 5절 참조). 따라서 자기선택편향(self-selection bias)으로부터 자유롭지 못합니다. Access 리스트는 당연히 인터넷의 다(多)사용자들로 구성되어 있다고 봐야 합니다.

자원자 Access 리스트에 의한 웹 조사 과정은 이렇습니다.

1) 웹 조사 응답에 관심을 가진 사람들이 스스로 회원 가입을 하면 Access 리스트에 올라갑니다. 이 리스트는 상당기간 여러 조사에서 사용됩니다.

2) Access 리스트로부터 표본 응답자가 추출되고 이들에게 전자우편으로 조사요청이 갑니다. 더불어, 휴대폰 SMS로도 통보되기도 합니다.

3) 표본 응답자들은 지정된 웹 조사 사이트에 로그인하여 질문지에 응답합니다. Access 리스트 식별번호와 패스워드가 필요합니다.

4) 조사 마감이 되면 응답 자료가 수합·분석되어 조사 결과가 나옵니다.

웹 조사에서 응답을 마친 사람들은 소정의 금전적 보상을 받으므로 응답자들은 어느 정도 책임감 있게 조사에 응할 것으로 기대됩니다. 또한 응답자들은 하루 중 아무 때나 자신이 좋은 시간에 질문지 응답을 할 수 있습니다. 따라서 사생활 침해 정도는 매우 약하다고 하겠습니다. 이상의 사실들은 좋은 점들입니다. 그러나 문제도 있습니다. 웹 조사 표본이 결국 자원자들로부터 나오므로 이들이 일반인들과 비교하여 인구지리적·사회적·심리적 차이가 있을 수 있다는 점이 그것입니다.

만약 자원자 웹 조사 표본이 모집단과 비교하여 인구지리적 차이를 보인다면 이것은 셀 가중법 또는 rim 가중법을 적용하여 해결할 수 있습니다 (2장 5절 참조). 확률표본에서도 지역·성·연령대 분포가 모집단과 차이를 보이는 일은 흔하므로 이 점은 자원자 웹 조사 표본에 한정된 것은 아닙니다. 그러나 인구지리적 차이가 두 표본 간 차이의 전부인 것은 아닙니다. 이하 준거(reference)가 되는 확률표본을 'R 표본', 자원자 웹 조사 표본을 'S 표본'으로 약칭하겠습니다.

인구지리적 차이를 가중법으로 보정한다고 하더라도 S 집단(=S 표본의 출처)은 모집단(=R 집단, R 표본의 출처)과 사회적·심리적 측면에서 차이가 날 수 있습니다. 만약 이것을 그냥 놓아두면 그만큼이 주 조사결과에 편향을 미칠 것입니다. 여기서 간단한 가공적 예를 들어보겠습니다.

R 표본에서 교육의 고(高)수준이 50명이고 저(低)수준이 50명이라고 합시다. 그런데 S 표본에서는 교육의 고(高)수준이 60명이고 저(低)수준이 40명으로 나타났다면 이만큼 S 표본의 교육수준이 높은 쪽으로 치우쳐 있는 것입니다. 한편, 진보·보수의 차원에서 R 표본과 S 표본이 역시 차이가 난다고 합시다. 즉, R 표본에서는 진보·보수가 각각 50명과 50명인데 S 표본에서는 진보·보수가 각각 60명과 40명이라면 이 만큼 S 표본이 진보 쪽으로 치우쳐 있음을 의미합니다. 그리고 교육수준과 정치적 성향성(진보·보수의 축)이 다음과 같이 연관성이 가진다고 합시다.

R 표본	진보	보수	합계
고 교육	30	20	50
저 교육	20	30	50
합계	50	50	100

S 표본	진보	보수	합계
고 교육	40	20	60
저 교육	20	20	40
합계	60	40	100

S 표본이 편향된 결과를 초래하는 것을 막기 위하여, S 표본의 분포를 R 표본의 분포와 같도록 해야겠습니다. 그 방법은 S 표본의 '고 교육·진보적' 응답자에는 $0.75\,(=\frac{3}{4})$의 가중치를 부여하여 해당 개체 수 40을 $30\,(=40\times0.75)$으로 줄이고, 반면 S 표본의 '저 교육·보수적' 응답자에는 $1.5\,(=\frac{3}{2})$의 가중치를 부여하여 해당 개체 수 20을 $30\,(=20\times1.5)$으로 늘리는 것입니다. '고 교육·보수적' 응답자와 '저 교육·진보적' 응답자는 그대로 놓아두면 되겠습니다. 즉, R 표본에 기준하여 S 표본이 갖는 특유의 성향(性向, propensity)을 바로잡기 위해서 다음과 같은 가중치로써 S 표본의 각 셀을 줄이거나 늘릴 필요가 있습니다. 이런 가중치를 성향조정 가중치(propensity adjustment weights)라고 합니다.

	진보	보수
고 교육	$\frac{3}{4}$	1
저 교육	1	$\frac{3}{2}$

이상을 방법론으로 정리하여 기술하면 다음과 같습니다.

성향조정 가중법(propensity adjustment weighting):

1) 준거(reference)가 될 R 조사를 면대면 또는 전화조사로 시행합니다. R 표본은 확률적 방법으로 충분히 큰 규모로 추출되어야 합니다.

2) R 표본과 S 표본이 인구지리적 구성에서 모집단과 차이가 있으면 각 표본을 가중치로 보정합니다.

3) R 표본과 S 표본 간 차이가 있고 주 조사결과(main survey results)에 영향을 줄 수 있는 '성향 변수'들(propensity variables) $Z_1, \cdots, Z_k$를 찾습니다.

4) $Z_1, \cdots, Z_k$의 R 집단 분포 $P_R(z_1, \cdots, z_k)$와 S 집단 분포 $P_S(z_1, \cdots, z_k)$를 같게 할 가중치 묶음(batch of weights) $w(z_1, \cdots, z_k)$를 산출합니다:[7)]

$$w(z_1, \cdots, z_k) = \frac{P_R(z_1, \cdots, z_k)}{P_S(z_1, \cdots, z_k)} \quad \text{or} \quad \frac{\hat{P}_R(z_1, \cdots, z_k)}{\hat{P}_S(z_1, \cdots, z_k)}.$$

5) $z_1, \cdots, z_k$ 값을 갖는 S 표본 개체에 가중치 $w(z_1, \cdots, z_k)$를 부여합니다.

단계 4에서 $P_R(z_1, \cdots, z_k)/P_S(z_1, \cdots, z_k)$에 대하여 로지스틱 모형을 활용하는 방법이 많이 쓰입니다:

$$\log_e \frac{P_R(z_1, \cdots, z_k)}{P_S(z_1, \cdots, z_k)} = \beta_0 + \beta_1 z_1 + \cdots + \beta_k z_k.$$

7) 여기서 R 집단은 R 표본이 나온 출처를, S 집단은 S 표본이 나온 출처를 말합니다.

웹 조사에 성향조정 가중법을 적용하고자 하는 경우 준거가 되는 확률적 표본추출에 의한 대규모 R 조사가 필요합니다만 이렇게 되면 같은 조사를 두 번 하는 셈이므로 결국 웹 조사는 쓸모 없는 것이 되는 것이 아닌가 염려할 수 있습니다. 그렇지 않습니다. R 조사에 들어간 비용과 노력을 회수하기 위하여 인터넷 조사는 상당기간 여러 회 시행하게 됩니다. 즉 m회의 독립적인 인터넷 조사 $S_1, \cdots, S_m$가 있게 되고, R 표본에 준거한 S_1의 성향조정 가중법 적용, $\cdots$, R 표본에 준거한 S_m의 성향조정 가중법 적용을 하게 됩니다. 이렇게 R 표본은 여러 번 활용됩니다.

이러한 웹 조사 방법론의 예를 들어보겠습니다.[8] 이 사례는 통계청의 사회조사를 면대면 조사와 웹 조사로 시행하고 성향조정 가중법을 적용하여 웹 조사 결과를 보정한 연구입니다.

면대면 R 조사는 통계청의 지역추출 방법인 층화다단계집락추출된 가구를 대상으로 시행되었고 총 37,049명이 응답하였습니다. 웹 S 조사는 모집된 7,616명의 자원자 리스트에서 광역시·도, 동/읍면, 성, 연령대를 기준으로 추출된 표본가구를 대상으로 시행되었고 총 2,903명이 응답하였습니다.

이렇게 확보된 R 표본과 S 표본에 일차적으로 인구지리적 4개 변수(광역시·도, 동/읍면, 성, 연령대)에 의한 가중치를 적용하였습니다.[9] 가중치 적용된 R 표본과 S 표본을 면밀하게 검토한 후, 연구자들은 다음과 같은 사회적·성향적 차이에 주목하였습니다.

- R 표본에 비해 S 표본의 교육수준이 높은 것으로 나타났습니다. '대학/대학원'이 R 표본에서는 39.8%였으나 S 표본에서는 59.1%였습니다.
- R 표본에 비하여 S 표본의 소비생활만족도, 즉 자각적 소비수준이 높았습니다. 5점 척도에서 '만족'과 '매우 만족'의 비율이 R 표본에서는 13.7%였으나 S 표본에서는 20.7%였습니다.
- R 표본에 비하여 S 표본에서 소득분배에 대해 비판적인 것으로 나타났습니다. 5점 척도에서 '매우 불공평'하다는 응답자 비율이 R 표본에서는 26.8%였으나 S 표본에서는 34.0%였습니다.
- R 표본에 비하여 S 표본 응답자들이 인터넷 신문을 자주 접하는 것으로 나타났습니다. 거의 매일 인터넷 신문을 읽는 응답자의 비율이 R 표본에서는 24.2%였으나 S 표본에서는 41.9%였습니다.

8) 조성겸 · 허명회 (2009). 인터넷 자원자 표본에 대한 추정방법 연구, 통계청 연구보고서.
9) R 표본에는 셀 가중치를, S 표본에는 rim 가중치를 적용하였습니다.

- R 표본에 비하여 S 표본 응답자들이 일반신문도 자주 접하는 것으로 나타났습니다. 거의 매일 일반신문을 읽는 응답자의 비율이 R 표본에서는 23.8%였으나 S 표본에서는 31.9%였습니다.

인구지리적 4개 변수와 사회적·성향적 차이 변수 5개 등 총 9개 변수로 성향조정 로지스틱 모형을 세워 적합하였고 이로부터 성향조정 가중치가 산출되었습니다. 따라서 S 표본에 붙은 최종 가중치는 인구지리 가중치와 사회·성향차 가중치의 곱이 되었습니다.

R 표본의 인구지리적 가중치 결과(R 표본)와 S 표본에 인구지리적 가중치를 적용한 결과(S 표본), 그리고 S 표본에 최종가중치를 적용한 결과(S 보정)를 몇 개의 주요 항목에서 비교해보기로 하겠습니다.

평가항목	R 표본	S 표본	S 보정
TV 평일(평균시간)	2.84	2.67	2.76
해외여행 경험(%)	13.6	15.3	13.3
전반적 만족감(5점 척도 평균)	3.17	3.20	3.27
스트레스 인식(5점 척도 평균)	2.52	2.34	2.34

'TV 평일시청'에서 R 표본이 2.84시간, S 표본이 2.67시간으로 R 표본에 비해 S 표본에서 작게 나오지만 성향보정을 하면 2.76시간으로 늘어납니다. 따라서 이 경우는 성향조정 가중법이 유효한 경우로 볼 수 있습니다. '해외여행 경험'에 있어서는 R 표본이 13.6%, S 표본이 15.3%로 R 표본에 비해 S 표본에서 크게 나오지만 성향보정을 하면 13.3%로 줄어들어 R 표본 결과와 거의 같아집니다. 따라서 이 경우는 성향조정 가중법이 매우 유효한 경우로 볼 수 있습니다.

성향보정 가중법이 항상 이처럼 성공적인 것은 아닙니다. '전반적 만족감'에서는 S 표본에 비해 S 보정이 오히려 나빴고 '스트레스 인식'에서는 S 표본이나 S 보정 모두 전혀 성공적이지 못하였습니다.

성향조정 가중법의 활용이 성공하기 위해서는 성향보정 기준변수의 선택 및 측정이 중요합니다. 그 변수는 상당 기간 안정적이어야 하고 어렵지 않게 얻어질 수 있어야 합니다. 그러면서도 R 집단과 S 집단에서 차이가 나타나야 하고 응답자의 정치적/경제적/사회적/문화적 태도와 행태와 연관된 변수여야 합니다.

이제까지는 Access 리스트를 활용한 웹 조사의 성향조정 가중법에 대하여 설명하였으나 이 방법은 휴대폰 조사에도 그대로 적용 가능합니다.

5. 심층면접과 FGI

이제까지 다룬 면대면 조사, 우편조사, 전화조사, 웹 조사 등은 모두 정량적 연구(quantitative research) 방법이라 할 수 있습니다. 결과가 숫자로 나오는 연구라는 뜻입니다. 이런 정량적 연구가 때로는 적절하지 않은 경우가 있습니다. 예를 들어 아직 이슈가 무엇인지가 제대로 파악되지 않은 경우가 그렇습니다. 이런 경우에 섣불리 정량적 연구를 하게 되면 아무 의미 없는 숫자가 나올 수 있습니다.

이런 경우에는 조사대상 응답자들을 한 명씩 만나서 그들이 해당 주제에 대하여 무엇을 생각하는지(thought), 관련된 특정 상황에서 무엇을 하는지(behavior) 꽉 짜인 질문이 아니라 몇 개의 영역에 걸쳐 질문을 만들어 비교적 자유스럽게 물어볼 수 있겠습니다. 이런 연구방법을 심층면접(in-depth interview)이라고 합니다.

심층면접에서 표본은 크지 않습니다 (25명 이내). 그러니만큼 결과를 수치화할 수 없습니다. 그러나 연구 토픽에 대한 다양한 정성적 정보가 생성될 수 있습니다. 예컨대 그들이 무엇을 말하는지, 핵심적 이슈가 무엇인지, 어떤 패턴/경향이 있는지를 얻어낼 수 있습니다. 즉, 심층면접은 정성적 연구(qualitative research) 방법입니다. 정성적 연구는 일반 조사와 같은 정량적 연구에 대한 예비 연구로서 상당한 가치가 있습니다. 연구가설과 질문지에 포함될 문항이 생성됩니다.

심층면접이 개별적으로 이뤄지는데 반해 FGI(Focus Group Interview)는 그룹으로 이뤄집니다. 8명-12명의 응답자로 그룹을 만들고 사회자(moderator)가 면접과 토의를 진행합니다 (1-2 시간). 한 자리에서 함께 이야기하므로 참여자 사이에 상호작용(interaction)이 있게 됩니다. 이에 따라 해당 토픽에서 관련 이슈가 좀 더 명확해집니다(focusing).

FGI는 다수의 그룹을 대상으로 시행될 수 있습니다. 그런 경우 내적으로 원활한 소통이 될 수 있도록 그러나 토론이 활성화될 수 있도록 참여자들을 그룹화합니다. FGI 사회자는 문항을 몇 개의 영역으로 구성하고 영역별로 면접 및 토의를 이끌되 중립적 입장에 서야 합니다.

10명 내외의 사람들이 모여 이야기하다 보면 1-2명이 전체 분위기를 주도하는 경우가 있습니다. FGI가 그렇게 흐르지 않도록 사회자는 적절한 통제력을 구사해야 합니다. FGI는 여러 사람들이 같이 말하기 어려운 민감한 주제를 다루기에는 좋지 않습니다. FGI 응답자에게는 충분한 보상을 합니다.

FGI는 녹음/녹취/녹화되고 일방향 거울(one-sided mirror)의 건너 방에서 전문가들이 진행상황을 모니터링하는 것이 보통입니다. 이를 기반으로 작성된 FGI 텍스트를 연구팀이 다각적 측면에서 검토하고 토론하여 결론을 도출합니다.

6. 공론조사

여론조사(opinion polling)는 피상적 의견을 모은 것에 불과하여 한 사회의 합리적 의견을 이끌어내지 못한다는 비판을 종종 받습니다. Fishkin 교수는 한 사회의 의사결정을 이끌어낼 수 있는 조사방법으로 '공론조사'(公論調查, deliberative polling)를 제안하였는데[10] 다음과 같은 과정으로 구성됩니다.

- 1차적으로 여론조사를 하여 '여론'을 파악하고
- 여론조사 응답자 중에서 대표적인 사람들을 패널로 영입하여
- 패널원(panel members)에 충분하고 균형 잡힌 정보를 제공하고 패널원 간 토론 및 전문가들과 질의-답변의 장(場)을 갖고
- 패널원 투표로써 최종결론을 도출합니다.

Fishkin 교수(정치학)는 민주주의의 전제 조건을 1) 정치적 평등(political equality), 2) 비독재성(non-tyranny), 3) 토의 및 숙고(deliberation, 熟考)로 보고 현대 민주사회의 정치적 과정에서 여론조사가 빈번히 활용되고 있기는 하지만 여론조사에는 토의 및 숙고의 과정이 없기 때문에 한계가 있다고 지적합니다.

이에 반해, 그가 제안하는 공론조사는 1) 특정 쟁점에 대해, 2) 상반된 시각과 주장에 대한 균형이 잡힌 정보를 제공하고, 3) 대표성 있는 시민 간 토론을 통해, 4) 공적 결정(public judgement)을 유도하는 것입니다.

공론조사가 제안되고 도입된 배경에는 제반 사회적 문제에서 충분한 토론 없이 갈등화하는데 이를 해결하는 안정된 제도적 방식이 없다는 데 있습니다. 여론조사는 인기영합주의(populism)의 도구가 되기 쉽습니다. 현대의 거대 사회에서 민주주의가 작동하기 위해서는 타당하고 효율적인 공론의 장(public sphere)이 절실하게 필요합니다. 여론조사는 대중의 집합된 의사가 표현되는 출구이기는 하지만 충분하고 균형된 정보 하에서 깊게 생각하고 토론의 통해 상대측 입장을 헤량하여 나온 생각이 아니어서 문제가 있는 방법이라는 것입니다.

Fishkin 교수는 아테네 민주주의를 검토하였습니다. 아테네(Athens)에는 6만명의 시민이 있었으나 주요 결정의 장이었던 프닉스(Pnyx) 언덕은 오직 6,000명을 수용

10) Fishkin, J.S., Luskin, R.C. and Jowell, R. (2000). "Deliberative polling and public consultation". *Parliamentary Affairs*, **53**, 657-666. 공론조사에 대한 웹 사이트는 The Center for Deliberative Democracy (Stanford University), `http://cdd.stanford.edu/`. 우리나라에서는 김원영 譯 (2003), ≪민주주의와 공론조사≫ (원저: Democracy and Deliberation by J. Fishkin, 이화여자대학교 출판부)가 출간된 바 있습니다.

할 수 있었다고 합니다. 따라서 일부 시민만 참석이 가능한데 선발 방법은 제비 뽑기(lottery)였습니다. 프닉스 언덕에서 참석 시민들은 정치가들의 대립하는 주장을 경청한 다음 찬성/반대 투표를 하여 주요 국가적 정책을 정하였고 참석하지 못한 시민들은 참석시민들이 최선의 결정을 하였을 것으로 믿고 따랐다고 합니다. 그러므로 Fishkin 교수의 공론조사는 아테네의 정치적 과정을 현대사회에 이식한 것입니다.

한 예로서, 미국 텍사스 주의 공공 유틸리티(전력)에 대한 집단결정에서 공론조사 사례를 보기로 합시다.[11] 텍사스 주에서 전력회사는 독점 기업으로 주 정부에 전력 수급 계획을 제출하고 인가를 받아야 한다고 합니다. 이에 전력회사는 주민들의 지지를 받는 전력확보 방안을 제시하고자 주민들을 대상으로 다음과 같이 에너지 정책에 대한 공론조사를 하였습니다.

텍사스 주 내 8개 지역에서 각각 800-1,200명을 전화조사하였고 일부를 표본으로 뽑아 1박 2일의 공론장 참석을 요청하였습니다. 수락자에게는 50달러의 사례금을 제공하였고 참석자에게는 100-150 달러를 추가로 지불하였습니다. 물론 1박 2일간 호텔 숙박비는 무료였습니다.

공론조사 대상자들에게는 사전에 이슈가 무엇인지를 알렸습니다. 그리고 참석자들에게는 전력산업에 대한 소비자의 입장, 환경보호가의 입장, 투자자의 입장을 균형있게 전달하였습니다. 참석자들은 10-20명씩 소그룹으로 나누어져 토론하였으며 마지막 총회를 마친 뒤 최종 질문지에 응답을 하였습니다.

텍사스 주 공론조사에서 1차 여론조사 응답률은 39-48%, 공론조사 수락자 중 실제 참석율은 25%였습니다. 공론화 단계 이전과 이후에 몇 가지 지식 및 태도에서 변화가 있었는데 예컨대 "Which energy source produces most electricity?"에 대한 정답률이 사전 20%에서 사후 68%로 변하였고 "I agree to build more fossil fuel plant"에 대한 응답이 0-1 척도에서 사전 평균이 0.45, 사후 평균이 0.65였습니다.

우리나라에서 최초의 공론조사는 재경부가 발주한 부동산 종합대책이었습니다. 1차 전화조사의 크기는 500명 규모였고 2차 공론화 과정은 50명 규모로 운영되었습니다 (10명씩 5개 조로 편성). 조사내용은 공공 개입, 부동산 거래, 부동산 세제, 부동산 정책, 공영 개발 등이 이슈였습니다. 제안 정책에 대한 전문가들이 찬성측-반대측이 1:1로 참석하였습니다. 결과는 재경부 공론조사 2005 백서로 공개되었습니다. 2007년에는 부산 북항 재개발에 대한 공론조사가 시행되었습니다 (한국리서치).

---

11) Luskin, R.C., Fishkin, J.S., and Plane, D.L. (1999). "Deliberative polling and policy outcomes: Electric utility issues in Texas", The Center for Deliberative Democracy (Stanford University), Research Paper 2004. `http://cdd.stanford.edu/`.

7. 패널 조사

패널 조사(panel survey)란 한 번 뽑은 표본을 수차례 또는 일정기간 반복 측정하는 조사방법입니다. 동일 응답자가 여러 시점에서 조사되므로 시점 간 변화에 대한 양질의 정보를 얻을 수 있습니다. 예컨대 세종시 신안에 대하여 어떤 응답자가 2010년 1월에 반대였는데 2월 조사에서 찬성으로 바뀌었다면 뭔가 그 이유가 있을 것입니다. 패널 조사에서는 그 이유를 조사하는 것이 가능합니다. 패널 조사가 아니라 단순하게 2회 반복된 횡단면 조사(cross-sectional survey)의 경우 변화의 방향과 크기가 추정될 수 있지만 정확도가 덜합니다. 더욱이 변화의 원인을 자료에서 찾아내기는 어렵습니다. 그러나 패널 조사도 두 가지 취약점을 갖는 것으로 알려져 있습니다.

첫째는 패널 이탈(panel attrition)입니다. 이것은 조사 차수(wave)가 지남에 따라 조사거절이나 접촉 실패 등의 이유로 최초 표본 응답자 집단에서 일부가 사라지는 현상입니다. 패널 이탈은 단순하게 표본 크기의 감소라는 문제만 갖는 것이 아닙니다. 떠난 사람들은 남은 사람들과는 다른 인구사회적 · 사회심리적 속성을 가지는 사람들이기 쉽습니다.

둘째는 패널 조건화(panel conditioning)입니다. 이것은 조사 자체로부터 응답자가 자극을 받아 변질되는 현상을 말합니다. 조사 주제에 대한 관심 또는 지식이 점차 증가하거나, 조사자에 동조하거나, 무성의하게 응답하는 경향이 생길 수 있습니다. 이것은 바람직하지 않습니다.

패널 조사의 한 예로서 KBS-MBMR의 2007년 대통령선거 패널 조사를 살펴보도록 하겠습니다.[12] 패널 구축 조사는 RDD(random digit dialing, 임의번호걸기) 시간균형할당추출로 하여 전화번호부 표본추출에 비해 대표성이 높은 패널 풀을 확보하고자 하였습니다. 낮과 저녁, 평일과 휴일로 구분하여 5일에 걸쳐 총 7회까지 재통화(call-back)를 실시하여 패널을 구축하였습니다. 패널 구축 조사에서 통화 성공률(응답률)은 16.0%였습니다. 만약 최초 통화로 그쳤더라면 6.9%를 기록하였을 것으로 보입니다.

패널 조사는 중도 이탈로 인하여 조사 차수가 지남에 따라 표본크기가 줄어들고 패널 조건화가 심해지기 마련입니다. 차수가 지남에 따라 표본크기가 줄어들지 않도록 하기 위하여 2차 조사부터 5차 조사까지 각 시기에서 패널 표본이 보충되도록 하였습니다. 다만, 보충 패널 추출은 1차 조사의 주 패널 확보 단계에서 부재중/관심없음 등의 이유로 선발되지 않은 응답자 풀(pool)에서 하였습니다. 패널 이탈이 접

12) 허명회 · 김지연 · 이양훈 (2009). "패널 이탈과 조건화의 영향: KBS-MBMR의 2007년 대통령선거 패널조사 사례", ≪조사연구≫, **10**(1), 73-89.

표 1: 패널 확보 시기와 조사 차수 별 응답자 표본의 크기

	확보	1차	2차	3차	4차	5차
1차 라운드	2,000	2,000	1,734	1,631	1,632	1,650
2차 라운드	428		428	369	339	361
3차 라운드	208			208	183	179
4차 라운드	210				210	171
5차 라운드	219					219
총합	3,065	2,000	2,162	2,208	2,364	2,580

촉이 어렵거나 흥미 결여 집단에서 주로 발생하기 때문입니다.

표 1은 다섯 번의 라운드에서 확보된 패널과 함께 조사된 응답자 수를 보여줍니다. 1차 라운드에서 2,000명을 확보하여 조사하였으나 2차 조사에서는 이 중 1,734명(86.7%)으로부터만 응답을 받았고 266명(13.3%)으로부터는 응답 받지 못하였습니다. 그러나 2차 라운드에서 새로 428명을 확보함으로써 패널 손실을 충분히 보충하였습니다. 3차 라운드에서는 208명을, 4차 라운드에서는 210명을, 5차 라운드에서는 219명을 추가로 확보하여 누적 패널은 총 3,065명에 이르렀습니다. 최종 5차 조사는 총 누적 패널을 대상으로 실시되었고 이 중 2,580명이 응답하였습니다 (응답률 84.%).

패널 이탈에 있어 지역, 성, 연령대 별 차이가 있는가를 살펴본 결과, 지역별로는 유의한 차이가 나타나지 않았습니다. 그러나 1차 라운드 패널원 중 후속 4 차례 조사에서 남자는 모두 참여한 비율이 73%였으나 여자는 65%에 그쳐 남자의 참여도가 여자의 참여도에 비하여 큰 것으로 나타났고 그 차이는 통계적으로 유의하였습니다. 1차 라운드 패널원 중 후속 4차례 조사에서 연령대별로 비교해본 결과 모두 참여한 비율이 60대 이상에서 58%, 20대 이하에서는 60%로, 30대의 76%와 40대의 76%에 비해 작은 것으로 나타났습니다. 50대에서는 모두 참여한 비율이 72%였습니다. 즉

표 2: 1차 조사에서 2차 조사로의 전환

		2차 조사			
		선호 밝힘	DK 응답	조사불가	합계
1차 조사	선호 밝힘	1,288 (79%)	137 (8%)	197 (12%)	1,622 (100%)
	DK 응답	208 (55%)	101 (27%)	69 (18%)	378 (100%)
	전체	1,496 (75%)	238 (12%)	266 (13%)	2,000 (100%)

표 3: 가중치 적용 KBS-MBMR 패널의 최종 지지후보 분포와 선거 결과의 대비

	정동영	이명박	이회창	기타후보	합계
KBS-MBMR 패널	22.3%	49.6%	15.2%	12.9%	100.0%
선거결과	26.1%	48.7%	15.1%	10.2%	100.0%

20대 이하와 60대 이상에서 그 비율이 작았습니다.

표 2는 1차 조사와 2차 조사에서 선호후보 밝힘 응답과 없다/모른다/무응답(DK) 응답, 조사불가 간 전환행렬(transition matrix)로서 패널조사의 동태적 측면을 보여줍니다. 1차 조사 선호후보 밝힘 응답자 중 2차 조사에서 선호후보 밝힘 응답자로 남은 비율 79%에 비교하여 1차 조사 DK 응답자 중 2차 조사에서 DK 응답자로 남은 비율은 27%로 상당히 작았습니다. 선거일이 가까워질수록 유권자 관심이 증가할 것입니다. 그러나 짧은 기간(1차: 8월 15일-17일, 2차 조사: 9월 27일-29일)동안 이렇게 급격히 DK 응답 비율이 줄어든 것인데, 이것은 패널 조건화가 작용한 결과로 보입니다. 또한, 1차 조사 선호후보 밝힘 응답자 중 2차 조사에서 조사불가자로 남은 비율이 12%였으나 1차 조사 DK 응답자 중 2차 조사에서 조사불가자로 남은 비율은 18%로 상대적으로 컸습니다. 이것은 패널 이탈의 일부 원인이 패널원의 DK 태도에 있음을 의미합니다.

참고로 패널 조사에 의한 선거예측과 실제 득표율을 보기로 할까요? 표 3은 주민등록 상주인구 기준 지역·성·연령대 가중치를 적용하여 구한 KBS-MBMR 패널의 DK 응답 제외 최종 지지후보 분포와 실제 선거 결과를 비교한 것입니다. 이명박 후보에 대한 지지율이 패널에서 49.6%, 선거에서 48.7%로 나타나 차이가 불과 0.9%p였습니다. 정동영 후보에 대하여는 패널에서 22.3%, 선거에서 26.1%로 나타나 차이가 -3.8%p로 다소 크게 나왔지만 이회창 후보에 대하여는 패널에서 15.2%, 선거에서 15.1%로 차이가 거의 없었습니다.

패널 이탈과 조건화가 반드시 패널조사의 타당성을 저해하지는 않는다는 연구 사례들도 더러 있습니다. 이 사례도 그런 예이긴 한데 일반적으로 패널 이탈과 조건화는 패널 편향을 초래할 가능성이 있는 2개의 큰 저해 요인입니다. 패널 관리에 특별한 노력이 필요합니다.

8. 혼합방식 조사

동일 응답자 집단을 대상으로 하더라도 조사방식(면대면 조사, 우편조사, 전화조사, 웹 조사 등)에 따라 결과가 다소 다를 수 있음은 잘 알려져 있습니다. 그러나 민감성

이 덜한 문항이라면 어느 방식으로 조사하더라도 차이가 없기도 합니다. 한 가지 방식으로 조사하는 것이 조사자에게는 편리합니다. 그러나 일부 응답자에게는 불편할 수 있습니다.

예컨대 이런 상황입니다. 대부분의 금융기관들은 고객만족도 조사(customer satisfaction survey)를 하여 거래고객들이 혹시 불편하지 않았는지를 알아보고 영업지점들의 업무를 평가하고자 합니다. 좋은 일입니다. 그러나 만족도 조사가 고객의 만족도를 높이는지는 알 수 없습니다. 무슨 말인가 하면, 제 경우에는 거래 은행들로부터 걸핏하면 휴대폰으로 전화가 걸려옵니다. 낮 시간에는 공적 업무로 바쁜 경우가 많아서 (아니면 졸고 있거나) 1-2분이라도 조사를 위해서 내가 하던 일을 끊고 싶지 않습니다. 그래서 "고객을 위해서 제발 휴대폰으로 그런 조사하지 마세요"라고 말합니다. 어떤 사람들은 휴대폰으로 조사에 응하는 것을 즐길 수도 있습니다. 그러나 제 경우엔 전자우편으로 응답하는 것을 선호합니다.

2개 이상의 방식에 의한 조사를 혼합방식 조사(mixed-mode survey)라고 합니다. 혼합방식 조사를 하는 이유는 1) 응답자의 개별적 선호를 고려하기 위하여 (앞 단락에서 '나'의 경우), 2) 조사자와 응답자 쌍방이 편리하기 때문, 3) 조사시간과 비용을 줄이기 위한 이유, 4) 조사의 정확도를 위해 필요하기 때문 등입니다.

패널 조사에서 1차 조사는 응답자를 패널로 등록시키는 한편 다수의 기본 항목들이 조사될 필요가 있으므로 면대면(FTF) 방식이 아니면 곤란할 수 있습니다. 그러나 2차 조사부터는 전화조사로 충분할 수 있습니다. 이런 경우가 조사자 · 응답자 쌍방의 편의를 위해 혼합방식 조사를 하는 경우입니다.

미국의 인구 센서스는 1차로 우편조사를 하는데 2/3 정도의 가구가 응답을 합니다. 응답하지 않은 가구는 조사원이 방문하여 조사합니다. 만약 모든 가구에 대하여 방문 조사를 한다면 훨씬 많은 시간과 비용이 들 것입니다.

조사가 민감한 질문을 포함하는 경우 면접원이 사회적 존재의 역할을 한다고 말한 바 있습니다. 따라서 전화조사가 그런 문항들을 포함하는 경우에서는 면접 도중 해당 부분을 ARS 방식으로 전환하여 조사할 수 있겠습니다. 또는 면대면 조사의 경우에는 해당 부분을 CAPI(Computer Assisted Personal Interview)에서 CASI(Computer Assisted Self-Interview)로 전환할 수 있겠습니다. 이런 경우가 조사의 정확도를 위해 혼합방식으로 조사하는 경우입니다.

과학기술의 발전에 따라 사람과 사람 간 커뮤니케이션에 다수의 방식이 가능해졌습니다. 조사를 꼭 한 가지 방식으로 해야 하는 것은 아닙니다. 응답자 편의와 조사의 정확도 및 경제성을 고려하여, 필요하다면 혼합방식의 조사를 마다할 이유가 없습니다.

질문/문제

1. FTF 조사에서 면접원이 '사회적 존재'의 역할을 한다고 하는데 이것은 무슨 뜻입니까?
2. Dillman 교수가 제시한 우편조사의 표준적 절차는 무엇입니까?
3. 인터넷 검색을 통해 우리나라의 휴대폰 조사 또는 ARS 조사를 하는 전문회사를 찾아보고 그 회사의 조사방법론을 알아보세요.
4. Knowledge Networks 사와 Harris Interactive 사의 웹 조사 방법론을 비교해 보세요.
5. 인터넷 검색을 통해 흥미로운 FGI 또는 공론조사 사례를 찾아 제시해 주세요.
6. 패널 조사에서 이탈(attrition)과 조건화(conditioning)는 무엇을 말합니까?
7. 인터넷 검색을 통해 흥미로운 패널조사 사례를 찾아 제시해 주세요.

5장. 질문지 QUESTIONNAIRE

질문지(questionnaire)는 종이(paper)라기 보다는 계기(instrument)입니다. 질문지로 사람의 태도(attitude)와 행위(behavior)를 측정하기 때문입니다. 질문지의 각 문항은 그것이 의도하는 것을 측정하여야 하고 (타당성) 안정된 값을 제공해야 합니다 (신뢰성). 이 장에서는 질문지의 구성, 응답 과정, 문항 작성, 질문의 형식과 응답 척도, 타당성과 신뢰성 등 질문지 관련 이슈를 다룹니다.

1. 질문지의 구성

질문지(questionnaire; 조사표, survey form)는 1) 겉장(cover sheet), 2) 본조사 문항, 3) 인구사회적 배경 문항으로 구성됩니다.

겉장에서는 조사의 제목, 조사 소개, 인센티브 제공, 참여요청, 조사기관(조사자) 등이 제시됩니다. 많은 응답자들이 겉장에서 조사참여 여부를 결정합니다. 따라서 응답자들에 좋은 인상을 주어야 합니다.

조사에 대한 소개는 간결하여야 하지만 조사의 중요성을 은연 중에 나타내야 합니다. 구체적인 인센티브가 있다면 그것을 미리 밝히고 조사참여를 요청하는 것이 좋겠습니다. 조사기관을 밝히고 연락처를 명기해야겠습니다. 우편조사나 웹 조사의 경우 전화번호와 담당자 이름을 알려서 응답 과정 중 생기는 문제에 대하여 상의할 수 있게 해야 합니다.

본조사 문항은 조사 연구자가 알고자 하는 질문 묶음을 말합니다. 이 부분은 질문지의 대부분이므로 다음 절부터 마지막 절까지에 다루겠습니다.

인구사회적 배경 문항은 맨 나중에 묻습니다.[1)] 배경 문항들은 본조사 문항 반응에 대한 자료 기술과 분석에서 분류 변수로 쓰이게 됩니다. 어떤 배경 문항들에 대해 일부 응답자들이 민감하게 반응할 수 있습니다. 예컨대 교육 수준을 묻는 질문에서 저학력자(초등학교·중학교 졸업자)들은 응답에 마음이 내키지 않을 것입니다. 1,000만원 이상의 고소득자들은 소득수준을 밝히고 싶지 않을 수 있습니다. 이러한 이유로 배경 문항들을 설문지의 마지막에 넣습니다.

---

1) 인구사회적 요인으로 표본 할당을 하는 경우엔 본조사 문항에 앞서 묻습니다. 예컨대 성 · 연령대별 표본이 할당되는 경우 성과 나이를 먼저 묻고 할당이 이미 초과된 경우에는 조사를 종료합니다.

2. 응답 과정

조사에서 응답자는 어떤 과정으로 질문에 응답하게 될까요? 다음은 Groves et al. (2004)에 제시된 응답 과정입니다.[2)]

1) 질문의 이해(comprehension of the question): 핵심 단어(keyword) 등.
2) 정보 찾기(retrieval of information): 기억(memory), 기록 등.
3) 판단과 추정(judgment and estimation): 정보를 종합하고 요약함.
4) 답변 보고(reporting an answer): 요구된 형태로 답을 함.

어느 단계에서든 문제가 발생할 수 있겠습니다. 예를 들어 질문이 "어제 하루 동안 집 밖에서 TV를 몇 시간 보았습니까?"라고 합시다. 질문을 받은 사람은 '집 밖에서의 TV 시청'이 무엇을 말하는 것인지 이해하고자 할 것입니다. 그러다가 음식점에서 TV를 잠깐 본 것 같은 것을 말한다는 것을 알아낼 것입니다. 그 다음엔 어제 음식점에 갔었는지, 그 음식점에 TV가 있었는지, TV를 보았었는지를 기억해내고자 할 것입니다. 그리고 식사 중에 잠깐씩 본 그것을 TV 시청으로 정의할 것인가를 판단하고 정리하여 총 몇 시간 시청인가를 계산하여 답변합니다.

실제로는 여러 형태로 비정상적 응답이 나타납니다.

1) 건성 응답(satisficing): 정상적인 과정을 거쳐 응답하는 것이 아니라 아무렇게나 대충 건성으로 형식 요건에만 맞게 응답하는 경우입니다.
2) 피동적 따름(acquiescence): 조사자의 의도에 따라 피동적으로 응답하는 경우입니다.
3) 사회적으로 바람직함에 쏠리는 편향(social desirability bias): 사회적으로 바람직한 태도/행위의 응답을 하는 경우입니다.

요즘 거의 모든 대학에서 강의만족도평가를 하는데 일부 학생들은 단지 본인의 성적을 확인하기 위해 조사에 응합니다. 그러다 보니 건성으로 응답하는 경우가 있습니다 (satisficing). 10여개의 5점 척도 문항을 제대로 읽고 기억해내고 판단하여 응답하는 것이 아니라 질문지 응답을 짧은 시간에 마치기 위한 최선의 방법을 취하는 것입니다. 예컨대 모두 같은 답 항을 응답하거나 1-2-3-4-5를 반복하기도 합니다.

교수님 스스로가 질문지를 돌리는 경우 일부 학생 응답자들은 교수님의 의도에 맞게 응답하기도 합니다 (acquiescence). "다음 선거에서 투표하실 생각입니까?"를 물으

2) Groves et al. (2004), *Survey Methodology*, Wiley. p.202.

면 응답자들의 90%는 '투표하겠다'로 응답함으로써 적지 않은 사람들이 무의식적으로 사회적으로 바람직한 태도를 보입니다 (social desirability bias).

비정상적 응답이 조사자료 전체의 질에 심각한 영향을 줄 수 있습니다. 따라서 비정상적 응답이 우려되는 경우 원인을 짐작하여 대책을 세워야 합니다. 예컨대 건성 응답이 생기는 이유가 응답자들의 조사참여 동기가 약하거나 조사를 강요하였기 때문일 수 있습니다. 아니면 질문지가 너무 많은 문항으로 구성되어 있어 응답자들이 집중력을 잃었을 수 있습니다.

응답자들이 조사자를 피동적으로 따르는 현상은 조사자가 상위 권위를 갖는 경우, 부정적 응답으로 인한 피해를 염려하는 경우, 또는 너무 큰 인센티브가 제공되는 경우에 나타날 수 있습니다. 사회적으로 바람직한 반응에 쏠리지 않게 하기 위하여 조사에서는 다양한 응답이 모두 존중된다는 점을 부각시킬 필요가 있습니다. 예컨대 투표 의향에 관한 조사에서 "선거일에는 개인적인 일로 투표를 하지 못하는 유권자들이 있습니다. 다음 선거에서 투표하실 생각입니까?"로 물으면 투표 의향이 없는 응답자들이 괜찮은 구실로 빠져나가게 됩니다.

3. 문항 작성

문항 작성에 있어 유의해야 할 점은 수도 없이 많습니다. 그 중에서 몇 개만 추려 제시하겠습니다.

유도성 어구(語句, wording)가 들어가지 않아야 합니다. 유도성 어구는 "⋯을 위하여"를 말하는데 질문에 유도성 어구가 포함되면 대다수 응답자들이 한 쪽으로 유인됩니다. 예를 들어 사형(死刑)제도의 존속 또는 폐지에 대한 의견을 물으면서 "최소한의 사회질서를 유지하기 위하여 불가피하게 사형제도를 존속시킬 필요가 있다는 주장에 동의하십니까?", "중대한 범죄자라고 하더라도 기본 인권은 항상 존중되어야 하므로 사형제도가 폐지되어야 한다는 주장에 동의하십니까"로 묻는 것 모두 유도성 질문입니다.

질문은 가급적 간결하게 해야 합니다만 구체적이고 혼동의 여지가 없어야 합니다. 어떤 경우엔 응답자의 인지(認知, cognition)를 돕기 위하여 질문 배경에 대한 설명을 부연하기도 합니다. 예를 들어 앞 단락의 사형제도 존속/폐지에 대한 의견을 물으면서 "사형제도가 최소한의 사회질서를 유지하기 위하여 불가피하다는 주장이 있습니다. 반면 중대한 범죄자라고 하더라도 기본 인권은 항상 존중되어야 하므로 사형제도가 폐지되어야 한다는 주장도 있습니다. 어느 쪽 주장에 동의하십니까?"로 물을 수 있습니다.

자신에게 주요한 사건을 과대하게 기억하고 보고하는 현상을 확대경 효과(telescoping effect)라고 합니다. 그 사건이 언제 있었던 일인가를 명확히 하기 위하여 응답자에게 중요한 몇 개의 날짜와 대조할 필요가 있습니다. 예컨대 응답자들은 자신이 범죄 피해자가 되었던 사건에 대하여 그것이 실제보다 더 최근에 있었던 것으로 응답하는 경향이 있습니다. 단순히 그 사건이 최근 3개월 이내 발생한 것인지를 묻는 것 외에 그 사건이 자신의 최근 생일 이전이었는지 이후였는지, 지난 설날(추석) 이전이었는지 이후였는지를 물어볼 필요가 있습니다.

기억의 한계를 넘는 질문은 좋지 않습니다. 응답자의 동의 하에 일정기간 관련 기록을 하게 한다든지 체계적으로 검색하는 방식을 써야 합니다. 예를 들어 라디오 청취율을 조사하기 위하여 "지난 일주일 동안 라디오의 어느 채널을 몇 시간 청취하였습니까?"를 물을 수는 없습니다. 응답자를 사전 접촉하여 라디오 청취 일기를 일정기간 쓰도록 해야 합니다.

일부 응답자라도 해당되지 않을 수 있는 질문에는 해당여부를 먼저 묻고 해당되는 응답자에 한하여 질문하여 합니다. 예를 들어 최근 한국과 미국 간에 맺어진 자유무역협정(FTA)에 대하여 어떻게 생각하십니까?"를 물었다고 합시다. 그러나 FTA에 대하여 아무 것도 모르는 응답자는 어떤 의견도 없을 것입니다. 따라서 모든 응답자에 찬성과 반대 중 택일하여 응답하도록 하는 것은 곤란합니다. 선행질문으로 "최근 한국과 미국 간에 맺어진 자유무역협정(FTA)을 알고 계십니까?"를 묻고 "그렇다"고 응답한 사람들에게 FTA에 대한 생각을 물을 수 있겠습니다.

한 문항에 1개의 질문을 해야 합니다. 두 가지 이상을 묶어 질문하면 답변하기 곤란합니다. 예를 들어 "지난 주 방영된 TV 프로그램 중에서 가장 재미있었고 유익하였던 프로그램을 말해 주십시오"로 묻는 것보다는 1) 가장 재미있었던 TV 프로그램이 어느 것이었는지, 2) 가장 유익하였던 TV 프로그램이 어느 것이었는지를 묻는 것이 옳습니다. 같은 이유로 부모님의 고향을 묻는 것은 곤란합니다. 당연히 아버지의 고향과 어머니의 고향을 각각 물어야 할 것입니다.

질문지에 포함될 문항들을 절(節, section)로 묶어 제시하여야 응답자들이 쉽게 응답할 수 있습니다. 예컨대 대학생활실태를 조사하는 질문지는 학업부문과 비학업부문의 2개 절로 구분될 수 있겠습니다. 학업부문은 다시 교양부문과 전공부문의 소절로, 비학업부문도 다수의 소절로 나뉠 수 있습니다.

4. 질문의 형식과 응답 척도

질문의 형식으로는 폐쇄형 질문(closed question), 개방형 질문(open question), 리커트 척도형 질문, 순위화 질문 등이 있습니다. 폐쇄형 질문은 답 항이 주어지는 질문이고 개방형 질문은 그렇지 않은 질문입니다.

폐쇄형 질문(closed question)의 경우에는 모든 주요 응답이 답 항으로 제시되어야 합니다. 그렇게 하고도 다른 응답이 가능한 경우에는 마지막에 '기타 (　　　)'를 두어 응답자가 기입하도록 해야 합니다. 이렇게 하기 위해서 조사자가 예상되는 응답들을 잘 알고 있어야 합니다. 어떤 경우에는 사전 조사가 필요합니다. 예를 들어 "다음 중에서 가장 선호하는 맥주 브랜드는 어느 것입니까?"를 묻고 이에 대하여 택일형으로 응답을 하도록 하였을 때 답 항에는 우리나라 맥주시장에서 점유율이 일정 퍼센트가 되는 맥주 브랜드가 모두 제시되어야 합니다.

폐쇄형 질문에서 주어진 답 항 가운데 1개를 선택하도록 하는 것이 택일형(single-choice)이고 여러 개를 선택하도록 하는 것이 다중선택형(multiple-choice)입니다. 앞의 단락에서 "다음 중에서 가장 선호하는 맥주 브랜드는 어느 것입니까?"는 택일형 응답을 요구하는 질문입니다. 반면 "다음 중에서 좋아하는 맥주 브랜드를 2개 골라주세요" 또는 "다음 중에서 좋아하는 맥주 브랜드를 모두 말해주세요"라고 하면 다중선택형 질문입니다.

개방형 질문(open question)은 자유기술식 응답을 요구하는 질문입니다. 예컨대 "맥주하면 생각나는 브랜드를 말해주세요. ________"의 경우입니다. 개방형 질문에 대하여는 표준적 코딩이 필요합니다. 예컨대 'CASS', 'Cass', 'cass', '카스', '카스 맥주'는 모두 같은 것이니까 한 가지로 코딩해야 합니다.

리커트(Likert) 척도의 질문은 좋다–싫다, 찬성–반대와 같이 양극화된 응답의 선(線) 위에 일정 간격으로 찍힌 점을 응답자가 선택하도록 합니다. 예를 들어 5점 척도(five-point scale)는 다음과 같이 5개 답 항으로 구성됩니다.

1. 적극 반대한다 (아주 싫다)
2. 반대한다 (싫다)
3. 반대하지도 찬성하지도 않는다 (싫지도 좋지도 않다)
4. 찬성한다 (좋다)
5. 적극 찬성한다 (아주 좋다)

리커트 척도에는 5점뿐만 아니라 7점 척도, 9점 척도 등이 있습니다. 5점 척도에 비해 어의(語義) 구분이 세분화된 7점 척도는 일반인 대상의 조사보다는 전문가 대상의 조사에 맞습니다. 예컨대 일반인 대상의 의료정책 조사에서는 5점 척도가, 의료인 (의사, 간호사, 약사) 대상의 의료정책 조사에서는 7점 척도가 더 좋습니다. 그러나 5점 척도와 7점 척도의 직접적 비교는 곤란합니다. 5점 척도와 7점 척도의 상호 변환에 대하여는 부록을 참조하세요.

5점 척도에서 중간항을 없애서 4점 척도를 사용하는 조사도 있습니다. 즉 이렇게 됩니다.

1. 적극 반대한다 (아주 싫다)
2. 반대한다 (싫다)
3. 찬성한다 (좋다)
4. 적극 찬성한다 (아주 좋다)

응답자에게 명확한 태도 표현을 구하는 4점 척도는 조사 결과를 정책 결정에 활용하고자 하는 경우에 고려될 수 있습니다.

주어진 항목들에 대한 순서화를 요구하는 순위화(ranking) 질문에는 완전 순위화와 부분 순위화의 두가지 유형이 있습니다. 완전 순위화(complete ranking) 질문에서 응답자는 k개의 항목에 대하여 선호하는 순서에 따라 1부터 k까지의 순위를 부여해야 합니다. 항목 수 k가 큰 경우 가장 선호하는 $l\,(\leq k)$개의 항목을 고르고 순서화하여 1부터 l까지의 순위를 부여하도록 하는 부분 순위화(partial ranking) 질문을 합니다.

예를 들어 대학 1학년 교양과정을 마친 학생들에게 교양의 다섯 영역을 비교 평가하기 위하여 질문지 문항을 다음과 같이 구성할 수 있겠습니다.

> 다음 5개 교양교육 영역을 유익성의 순서로 평가하여 주세요.
> (가장 유익한 영역에 순위 1, 그 다음 유익한 영역에 순위 2, $\cdots$ 등)
>
> - 언어영역   순위 ____
> - 인문영역   순위 ____
> - 사회영역   순위 ____
> - 수리영역   순위 ____
> - 과학영역   순위 ____

이렇게 순위화를 요구하는 질문은 상대적 평가가 꼭 필요한 경우에 유용합니다.

위의 질문을 “다음 5개 교양교육 영역 중에서 가장 유익한 2개 영역에 대하여 순위를 매겨 주세요. (가장 유익한 2개 영역에 순위 1과 순위 2를 주고 나머지 영역에 대한 순위는 빈칸으로 남겨 둡니다)”로 바꾸면 부분 순위화 질문이 됩니다. 빈칸으로 남겨진 항목에 대한 자료값은 나머지 순위값들의 평균으로 코딩하는 것이 무난합니다 (앞의 경우 빈칸에 대한 코딩값을 순위 3, 4, 5의 평균인 4로 합니다).

수치형 응답을 요구하는 질문도 있습니다. 예를 들어 대학생활실태 조사에서 다음과 같이 학습시간을 응답하도록 하는 질문입니다.

수강과목 1개(3학점)당 일주일에 평균 몇 시간씩 개인학습을 하였습니까?
________시간

이렇게 수치로 응답하게 하는 대신 다음과 같이 답 항을 주고 그 중에서 택일하도록 하는 방안이 있습니다.

- 30분 미만
- 1시간
- 2-3 시간
- 4-6 시간
- 7시간 이상

답 항 보기가 제시되는 경우 응답자들은 스스로 자신을 준거집단에 맞춰 상대 평가하는 경향이 있습니다.

5. 타당성과 신뢰성

질문지의 각 문항은 각각 특유의 개념(concept)을 측정합니다. 개념에는 성과 나이, 학력과 같이 명확히 할 수 있는 것이 있지만 개중에는 보수성, 소비성향, 신제품 선호도와 같이 다소 추상적인 것이 있습니다. 추상적인 개념일수록 측정이 쉽지 않게 되는 것은 당연합니다.

문항의 타당성(妥當性, validity)은 질문이 원래 의도한 개념을 충실히 반영하는가 하는 것입니다. 따라서 질문의 내용을 면밀하게 분석하여 정성적으로 타당성을 따집니다. 예를 들어 일반적 대일본(對日本) 정서 문항으로서 독도 문제에 대한 생각을 묻는 것은 타당하지 않습니다. 독도 문제라는 한 이슈에 대한 생각만 측정되기 때문입니다.

이렇듯 문항 타당성 평가는 정성적으로 접근됩니다. 분야 전문가(subject expert)와 방법론 전문가(methodology expert)로 위원회를 구성하여 질문지에 대한 타당성 검토를 할 수 있습니다.

문항의 신뢰성(信賴性, reliability)은 문항에 대한 응답의 안정성을 말합니다. 예를 들어 몸무게를 재는 저울이 있는데 언제 어디에서 재든 사람 별로 같은 값을 보여준다면 그 저울에 의한 몸무게 측정은 신뢰도가 높고 그렇지 않다면 그 저울은 신뢰도가 낮은 것입니다.

시험(exam)도 측정의 일종이므로 각 시험마다 신뢰도가 다릅니다. 신뢰도가 높은 시험에서는 누구든 두 번 보더라도 거의 같은 점수를 얻게 됩니다.[3] 그러나 신뢰도가 낮은 시험에서는 두 시험점수가 상당히 다를 수 있습니다.

질문지 문항의 신뢰도를 평가하기 위해서는 2개 시점에서 같은 문항에 응답하게 하여 응답 간 상관계수를 구하는 것입니다. 그러나 조사를 한 번 하는 것도 어려운데 동일한 응답자 그룹에 두 번의 조사를 하는 것은 매우 어려우므로, 이와 같은 직접적 신뢰도 측정은 현실적으로 어렵습니다.

따라서 1개 시점의 1회 조사로써 신뢰도를 추정하는 방식이 바람직합니다. 다음은 크론바흐 알파(Cronbach's alpha) 신뢰도 추정 방법입니다.

- 1개 개념을 묻는 질문을 $k\,(\geq 2)$개 만듭니다. 그 질문에 대한 응답을 각각 $X_1, \cdots, X_k$로 표기하겠습니다.

- $X_1, \cdots, X_k$의 평균 공분산 $\bar{\mathrm{C}}$과 평균 분산 $\bar{\mathrm{V}}$를 구합니다:

$$\bar{\mathrm{C}} = \frac{1}{k\,(k-1)} \sum_{i=1}^{k} \sum_{j \neq i} \mathrm{Cov}(X_i, X_j), \quad \bar{\mathrm{V}} = \frac{1}{k} \sum_{j=1}^{k} \mathrm{Var}(X_j).$$

- 크론바흐 알파 계수 α를 산출합니다:

$$\alpha = \frac{k\,\bar{\mathrm{C}}/\bar{\mathrm{V}}}{1 + (k-1)\,\bar{\mathrm{C}}/\bar{\mathrm{V}}}.$$

- k개 질문에 대한 응답자별 반응이 모두 유사한 경우 $\bar{\mathrm{C}} \simeq \bar{\mathrm{V}}$이므로 $\alpha \simeq 1$이 됩니다. 반면 k개 질문에 대한 응답자별 반응이 제각각인 경우에는 $\bar{\mathrm{C}} \simeq 0$이므로 $\alpha \simeq 0$이 됩니다.

- $X_1, \cdots, X_k$를 사전 표준화하여 산포가 모두 같은 경우 크론바흐 알파 계수는 다음 식으로도 산출됩니다.

$$\alpha = \frac{k\,\bar{r}}{1 + (k-1)\,\bar{r}},$$

  여기서 $\bar{r}$는 $X_1, \cdots, X_k$의 모든 쌍에서 상관계수들의 평균입니다. 즉

$$\bar{r} = \frac{1}{k\,(k-1)} \sum_{i=1}^{k} \sum_{j \neq i} \mathrm{corr}(X_i, X_j).$$

3) 앞 시험으로부터의 학습과 기억이 존재하지 않는다는 가정하에서

- 크론바흐의 알파 값이 0.8 이상이면 신뢰성이 충분히 확보된 것으로 봅니다.

예를 들어 보겠습니다.[4] 이 예제는 SPSS Samples에서 따온 것으로 'TV 드라마 시청 의향'에 대한 태도 조사에서 나온 것입니다. 특정 TV 드라마를 시청한 사람들을 대상으로 그 드라마를 계속 시청할 의향이 있는가를 조사하였는데 이와 관련된 설문지 문항으로 다음 7개가 있었습니다 (응답자 수, $n = 906$명).

"어떤 조건이 만족되면 이 드라마를 계속 시청하시겠습니까?
(해당하는 모든 항목을 체크해주십시오)

____ 1. 별 조건 없음 (Any)
____ 2. 같은 시간대에 인기 있는 다른 프로그램이 없는 경우 (Bored)
____ 3. TV 평론가들이 좋은 의견을 내는 경우 (Critics)
____ 4. 주변의 사람들이 이 드라마를 계속 보는 경우 (Peers)
____ 5. 같은 작가가 계속 집필하는 경우 (Writer)
____ 6. 같은 PD가 계속 연출하는 경우 (Director)
____ 7. 같은 배우가 계속 연기하는 경우 (Cast)

항목이 체크된 경우 1로, 그렇지 않은 경우 0으로 코딩하였습니다. 이 문항들의 합을 'TV 드라마 시청 의향'의 정의로 하고 이에 대한 크론바흐의 알파 계수를 구해보겠습니다. 다음은 이를 위해 사용한 R 프로그램입니다. psy 라이브러리의 cronbach 명령어를 사용하였습니다.

```
library(foreign)
tv <- read.csv("tv-survey.csv", header=T)
library(psy)
cronbach(tv[,1:7])
cronbach(scale(tv)[,1:7])
```

그 결과, 크론바흐의 알파 값이 0.898로 나왔습니다. 표준화된 변수의 경우에는 알파 값이 0.894였습니다.

4) 허명회 (2008). ≪SPSS 척도화 분석과 비모수적 방법≫, SPSS Korea. 1장.

6. 질문지 검토와 사전 테스트

질문지가 모습을 갖추면 인쇄에 들어가기 전에 편집본을 가지고 전문가 검토를 받는 것이 좋습니다. 전문가 풀에는 해당분야 전문가(subject expert)와 조사방법론 전문가(survey methodology expert)가 포함되어야 합니다.

또한 질문지 사전 테스트(questionnaire pretest)를 하는 것이 좋습니다. 사전 테스트에는 참여형과 비참여형이 있습니다. 참여형 사전 테스트는 각 문항에 대하여 응답자의 이해도와 애로점을 묻습니다. 이에 반해 비참여형 사전 테스트는 실제 조사에서와 동일한 상황에서 질문지 응답을 얻습니다. 그 과정에서 응답자 반응, 무응답 패턴과 소요시간 등에 관한 정보를 얻습니다.

사전 테스트에 참여할 응답자는 편의추출(convenience sampling)에 의해 확보하여도 됩니다. 다만 대표성을 고려하여 주요 인구사회적 층이 빠지지 않도록 하여야 합니다. 특히 저학력 층 · 고령 층에 대해 신경을 쓸 필요가 있습니다.

부록: 리커트 척도 간 변환

한 조사에서는 리커트 5점 척도를 썼는데 다른 조사에서는 7점 척도를 쓴 경우 두 조사의 개체 간 비교는 어렵습니다. 따라서 두 조사의 자료를 병합하여 활용할 필요가 있는 경우 한 가지 척도로 통일하는 것이 원칙입니다. 그럼에도 불구하고 부득이한 사정에 의하여, 다른 척도가 쓰인 경우 한 척도를 다른 척도로 변환할 필요가 있습니다.

예컨대 A 은행의 고객만족도 조사는 7점 척도였고 B 은행의 고객만족도 조사는 5점 척도였다고 합시다. 두 은행의 조사 결과는 비교가 불가능합니다. 그러나 꼭 비교할 필요가 있는 경우, 척도 등화(等化, scale equating)를 해야 합니다. 그 방법은 다음과 같습니다: 이하는 7점 척도를 5점 척도로 변환하는 경우.

A 은행의 7점 척도 고객만족도 자료를 요약하여 확률분포를 구합니다. 그 결과가 $P : (p_1, \cdots, p_7)$이었다고 합시다 ($\sum_{i=1}^{7} p_i = 1$). 이산형 척도에서 점 i의 확률은 연속형 척도에서 구간 $(i-0.5, i+0.5)$에 균일하게 퍼져있는 것과 같다고 봅니다 $(i = 1, \cdots, 7)$. 그러면 P의 누적분포는 다음과 같이 연속형으로 표현됩니다.

$$P(x) = \sum_{i \le [x+0.5]-1} p_i + p_{[x+0.5]}\,(x - [x+0.5] + 0.5), \quad 0.5 \le x < 7.5.$$

A 은행 고객 리스트에서 새로 작은 표본을 취하여 5점 척도의 조사를 합니다. 그 결

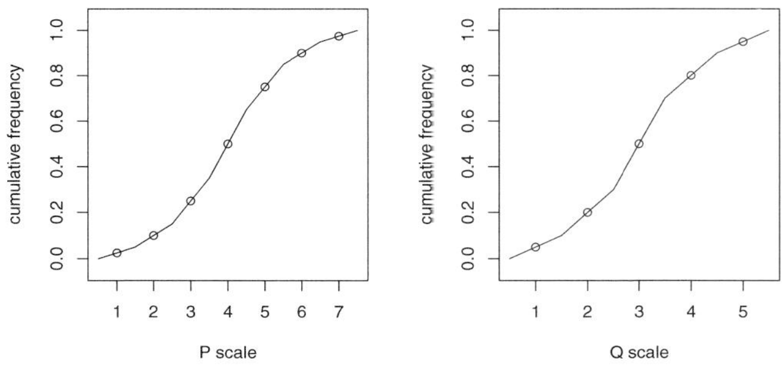

그림 1: P와 Q의 연속형 누적분포

과가 $Q : (q_1, \cdots, q_5)$로 나왔다고 간주하겠습니다 ($\sum_{j=1}^{5} q_j = 1$). 마찬가지 원리에 의하여 Q의 누적분포는 다음과 같이 연속형으로 표현됩니다.

$$Q(y) = \sum_{j \le [y+0.5]-1} q_j + q_{[y+0.5]}(y - [y+0.5] + 0.5), \quad 0.5 \le y < 5.5.$$

등화변환의 목적은 7점 척도의 각 $i (= 1, \cdots, 7)$에 대하여 다음 식을 만족하는 y를 $(1 - 0.5,\ 5 + 0.5)$에서 찾는 것입니다.

$$P(i) = Q(y).$$

예를 들어 P와 Q가 다음과 같이 나왔다고 합시다.

$$P : (0.05, 0.1, 0.2, 0.3, 0.2, 0.1, 0.05), \quad Q : (0.1, 0.2, 0.4, 0.2, 0.1).$$

참고로 그림 1은 P의 연속형 누적분포와 Q의 연속형 누적분포입니다.

다음은 P 척도를 Q 척도로 바꾸는 R 프로그램입니다.

```
# Equating two discrete distributions, "scale equating.r"
P <- c(0.05,0.10,0.20,0.30,0.20,0.10,0.05)
Q <- c(0.1,0.2,0.4,0.2,0.1)
p <- length(P); q <- length(Q)
equate <- function(P,Q){
          x <- rep(0,p)
          P.c <- c(0,cumsum(P)[1:(p-1)])+0.5*P
```

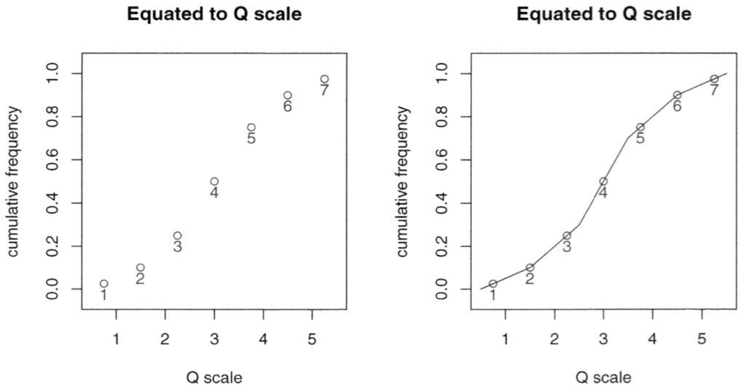

그림 2: P 척도를 Q 척도로 바꾸기

```
        Q.0 <- c(0,cumsum(Q)[1:(q-1)])
        Q.1 <- cumsum(Q)
        for (i in 1:p){
          for (j in 1:q){
            if((P.c[i]>=Q.0[j]) & (P.c[i]<Q.1[j])) {
              increment <- (P.c[i]-Q.0[j])/Q[j]
              x[i] <- (j-0.5) + increment
            }
          }
        }
        return(x)
        }
y <- equate(P,Q)
round(y,2)
```

실행결과는 다음과 같습니다.

```
> round(y,2)
[1] 0.75 1.50 2.25 3.00 3.75 4.50 5.25
```

7점 척도의 1은 5점 척도에서 0.75로, 2는 1.5로, 3은 2.25로, 4는 3으로, 5는 3.75로, 6은 4.5로, 7은 5.25로 변환됩니다. 그림 2에서 변환-P 점이 Q의 연속형 누적분포 그래프에 완전히 놓임을 볼 수 있습니다.

질문/문제

1. 인터넷 검색을 통해 조사 질문지를 2개 찾아 겉장을 비교해 보세요.
2. 다음 강의평가 질문지의 5점 척도 10개 문항에 응답하면서 스스로의 응답 과정을 기술해보세요 (1=매우 불만족, 2=불만족, 3=보통, 4=만족, 5=매우 만족).
    1) 교수님이 제시한 수업목표(또는 강의목표)는 명확하였다.
    2) 교수님은 강의계획안에 나타난 수업목표를 잘 충족시켰다.
    3) 교수님의 설명은 명확하였다.
    4) 교수님은 이 분야에 관한 나의 학습동기를 높였다
    5) 교수님은 효율적인 수업관리를 하셨다.
    6) 수업진행 방식은 학습을 돕는데 효과적이었다.
    7) 각종 평가의 기준 및 내용은 적절하였다.
    8) 각종 평가의 시행 및 관리가 공정하였다.
    9) 과제에 대한 적절한 피드백이 이루어졌다.
    10) 전반적으로 이 수업 내용에 만족한다.
3. 통계청 인터넷에서 사회통계조사 질문지(조사표)를 찾아 문항 별 응답 척도에 어떤 것이 있는가를 살펴보세요.
4. 통계청 인터넷에서 사회통계조사 질문지(조사표)를 찾아 개선이 필요한 문항을 지적하고 개선안을 제시하세요.

6장. 무응답 NONRESPONSE

무응답(無應答, nonresponse)은 조사자료의 질을 떨어뜨리는 가장 큰 요소입니다. 따라서 무응답 문제에 대한 정확한 인식과 구체적 대처 없이는 조사연구의 성공을 기대하기 어렵습니다. 이 장에서는 무응답의 유형과 원인, 응답률의 정의, 무응답 처리 등 관련 이슈를 다루겠습니다.

1. 무응답의 유형과 원인

무응답에는 개체 무응답(unit nonresponse)과 항목 무응답(item nonresponse)이 있습니다. 전자는 표본 응답자로부터 어떤 정보도 얻지 못한 경우이고 후자는 특정 문항에 대한 응답을 얻지 못한 경우입니다.

개체 무응답(unit nonresponse)에는 세 가지 유형이 있습니다.[1)]

1) 비접촉(noncontact): 응답자를 접촉하지 못한 경우입니다. 면대면 조사와 전화조사에서는 응답자의 부재로 인하여, 우편조사와 인터넷 조사에서는 조사요청이 전달되지 않아서 발생합니다. 재방문과 재통화와 같은 거듭된 접촉시도와 최신 우편주소(주거/전자)와 전화번호 등 양질의 접촉정보가 필요합니다.

2) 거절(refusal): 조사 협조를 거절하는 경우가 있습니다. 조사에 대한 부담감, 과조사효과, 참여동기의 부족, 사생활 침해, 개인정보 제공에 대한 거부감 등이 원인입니다.

3) 능력부족(inability): 응답자가 신체적, 언어적, 기술적 장애 등의 이유로 조사에 응할 능력이 없는 경우입니다.

현대사회의 소가구화 추세와 비재택 시간의 증가 추세 때문에 비접촉은 현재도 상당하지만 향후 더욱 증가할 것으로 보입니다. 비접촉을 줄이기 위하여는 응답자를 재방문 · 재통화해야 하므로 조사자의 많은 노력이 투입되어야 합니다. 많은 노력은 큰 비용과 긴 시간을 의미하기도 합니다. 우편조사에서도 잦은 주거지 변경으로 인하여 접촉되지 않는 응답자가 생깁니다 전자우편의 경우 주소변경이 더욱 잦아 인터넷 조사에 영향을 줍니다.

1) Groves, R.M. *et al.* (2004) *Survey Methodology.* Chapter 6.

조사거절의 원인은 조사에 대한 부담감, 조사과잉으로 인한 부작용, 참여동기의 부족, 사생활 침해, 개인정보 제공에 대한 거부감 외에 조사주제에 대한 사회심리도 작용합니다. 정치 및 선거 여론조사의 경우에는 정부/여당 및 사회 주류에 대한 반감이 있는 사람들은 조사를 거절하기 쉽습니다.

시력과 청력에 제한 있는 고연령층, 언어구사에 제한이 있는 사람들도 무응답자가 될 가능성이 높습니다. 또한 ARS 전화조사나 인터넷 조사의 경우 기기/소프트웨어 조작에 어려움이 있는 고연령 · 저학력층이 비협조할 가능성이 높습니다.

개체 무응답 문제를 방치하는 경우 조사표본의 모집단 대표성이 현저히 떨어질 수 있습니다. 지역, 성, 연령대 등 주요 인구적 분포에서도 왜곡될 가능성이 많습니다. 이에 대하여 2절에서 다루겠습니다.

항목 무응답(item nonresponse)에도 세 가지 유형이 있습니다.

1) 회피(avoidance): 개인정보 제공에 대한 부담감, 질문내용에 대한 거부감, 답변의 어려움(difficulty) 등이 원인입니다. 이에 따라 지지후보, 소득, 학력 등을 묻는 질문과 숙고를 요구하는 질문에 무응답이 많게 됩니다.

2) 건성(satisfice): 응답자가 조사에 성의껏 응하지 않는 경우입니다. 설문지 응답을 빨리 마치기 위하여 일부 문항을 건너뜁니다.

3) 중도이탈(breakoff): 응답자가 도중에 이탈하는 경우입니다. 설문지 길이가 긴 조사의 경우 많이 발생합니다.

항목 무응답을 그대로 놓아두면 자료분석 시 해당 항목이 결측인 케이스들이 불포함됩니다. 특히 이런 현상은 다변량적 자료분석에서 심각한 결과를 초래할 수 있습니다. 예컨대 결측률이 10%인 변수 10개를 동시에 분석하는 경우 이들 변수들의 결측패턴이 독립적이라면 완결 케이스(complete case) 비율은 34.9% $(= (1-0.1)^{10})$에 불과하게 됩니다. 이렇듯 분석자료의 크기가 총 표본 크기에 비해 아주 작아집니다. 따라서 결측률이 높은 변수들에 대하여는 응답 값을 채워넣는 결측값 대체(missing-value imputation)가 필요합니다. 이에 대하여 3절에서 다루겠습니다.

2. 응답률과 개체 무응답에 대한 대처

개체 무응답에 대한 대처에 앞서, 조사 질(survey quality)을 나타내는 응답률(response rate)을 산출할 필요가 있습니다 (AAPOR 2008 Standard Definitions, RR4).

$$\mathrm{RR} = \frac{\mathrm{I} + \mathrm{P}}{\mathrm{I} + \mathrm{P} + \mathrm{R} + \mathrm{NC} + \mathrm{O} + e\mathrm{U}},$$

여기서

I = 완결면접(complete interview),
P = 부분면접(partial interview),
R = 거절/중도이탈(refusal/breakoff),
NC = 비접촉(noncontact),
O = 그 밖의 유효 케이스(other eligible),
U = 미지 케이스(unknown case),
e = 미지 케이스 중 유효비율(proportion of unknown case being eligible).

우리나라 전화조사에 적용하기 위하여 위 식을 다음과 같이 쓸 수 있겠습니다.

$$\mathrm{RR} = \frac{\mathrm{I} + \mathrm{P}}{\mathrm{I} + \mathrm{P} + \mathrm{R} + \mathrm{eU}},$$

여기서

I = 완결면접,
P = 부분면접,
R = 거절/중도이탈,
U = 부재 및 통화중,
e = 부재 및 통화중 번호 가운데 유효번호 비율 (0.832로 추정).

시도된 번호 가운데 분모에서 제외되는 번호는 결번, 상가, 팩스 등입니다. 부재 및 통화중 번호 가운데 상가, 팩스, 기타 사유로 무효가 되는 비율을 0.168로 추정하여 유효비율을 0.832로 하였습니다 (2009년도 밀워드브라운미디어리서치 조사자료 총합). 할당추출의 경우 '할당초과'로 조사대상에서 제외되는 케이스가 상당 수 생기는데 이는 분자와 분모에서 모두 제외되는 것이 개념적으로 맞습니다.

개체 무응답으로 인해 관측 표본이 모집단과 주요 인구사회적 특성에서 다른 모습을 보이게 됩니다. 이를 해결하기 위하여 셀 가중법 또는 rim 가중법을 적용합니다 (2장 5절 참조). 그러나 이와 같은 가중법 적용은 중요한 가정을 암묵리에 하는 셈입니다. 그 가정은 가중법 기준변수들이 같은 값을 갖는 조건에서 관측 개체와 비관측(=거절+비접촉) 개체들의 조사변수 특성이 같다고 보는 것입니다.

예를 들어 선거여론조사의 경우 지역·성·연령대로 셀 가중법을 적용하게 되는데 이는 동일 지역·성·연령대 칸에서는 후보 지지/선호 성향이 같은 경우에 타당합니다. 그러나 과연 이런 가정이 옳을지 생각해 보아야 합니다. 동일 지역·성·연령대 칸에서도 거절자는 협조자와 뭔가 다른 생각을 하는 것이 아닐까요? 동일 칸에서도 비접촉자는 접촉자와 뭔가 다른 사회적 특성을 갖는 것이 아닐까요?[2)]

---

2) 김세용 · 허명회 (2009), "전화조사의 체계적 편향: 2007년 대통령선거 여론조사들에 대한 메타분

3. 결측률과 항목 무응답에 대한 대처

항목 무응답의 정도를 결측률(missing ratio)로 나타낼 수 있습니다.

$$\text{missing ratio} = \#\ \text{missing observations} \,/\, n,$$

여기서 n은 총 표본 크기입니다. 결측률이 심한 변수에 대하여는 대책을 강구할 필요가 있습니다.

변수 값 결측 패턴에는 세 가지가 있습니다.

1) MCAR(missing completely at random): 변수 값이 관측되는지 아니면 결측되는지가 완전하게(어느 무엇과도 관계 없이) 임의로 정해지는 경우입니다.
2) MAR(missing at random): 변수 값의 결측이 관측된 다른 변수 값에 관련된 확률로 임의 결정되는 경우입니다.
3) NI(not ignorable): 변수 값의 결측이 관측된 다른 변수 값과 자체 변수 값에 관련된 확률로 임의 결정되는 경우입니다.

실제 관측표본에서 발생한 결측이 위의 세 경우 중 어떤 경우에 해당하는지는 알기 어렵습니다다만 처음 두 경우에서는 관측된 다른 변수 값으로 결측 변수 값을 통계적으로 추정할 수 있습니다. 예를 들어 보겠습니다.

Lalonde 자료는 10개 변수에 대한 722개 개체가 조사된 된 종단면 조사에서 나왔습니다. `R`의 `rrp` 라이브러리 내 `LL` 자료에 대한 설명을 참조하세요.

'treated' 처리그룹 (1), 대조그룹(0)
'age' 나이
'education' 교육변수
'black' 흑인(1), 기타(0)
'married' 결혼(1), 기타(0)
'nodegree' 고졸이상(1), 기타(0)
're74' 1974년 실소득(real earnings)
're75' 1975년 실소득
're78' 1978년 실소득 (처리 이후)
'hispanic' 히스패닉(1), 기타(0)

석" (응용통계연구, 22(2), 375-385)은 우리나라 전화조사에 의한 선거여론조사에서 그런 편향이 존재한다는 주장을 하였습니다.

1974년 실소득인 re74에서 100개 결측을 어떤 변수 값과도 무관하게 임의적으로 생성시킨 MCAR 모의 상황을 고려하겠습니다. 이런 경우 re74에 대한 추정모형이 필요한데 여기서는 비모수적 방법인 회귀 나무(regression tree) `rpart.re74`를 만들어 활용하기로 하겠습니다.[3] re74가 결측인 100개 개체에서 나머지 9개 변수에 대하여는 관측값이 있으므로 이들 개체에서 re74에 대한 `rpart.re74` 모형 예측값을 산출하고 re74 예측값으로 그 변수의 결측값을 대체합니다. 이런 결측값 대체법을 회귀대체(regression imputation)라고 하는데, 과연 이 방법이 효과적인지 알아볼 필요가 있습니다.

다행히 앞의 상황은 모의 상황이므로 실제 re74의 관측값을 알고 있습니다. 따라서 '대체값–실제값'을 오차라고 할 수 있습니다. 다음은 re74가 모의 결측화된 개체들에서 평균오차(me)와 평균제곱오차(mse)를 구해본 결과입니다.

$$\text{me} = 232.8, \qquad \text{mse} = 5{,}520{,}155.$$

회귀대체의 벤치마킹으로서, re74의 결측값을 그 변수의 관측값 평균으로 대체하는 평균대체(mean imputation)를 고려해보겠습니다. re74의 평균대체에서 평균오차(me)와 평균제곱오차(mse)는 다음과 같습니다.

$$\text{me} = 661.6, \qquad \text{mse} = 17{,}105{,}242.$$

따라서 회귀대체의 me와 mse가 평균대체의 me와 mse에 비교하여 상대적으로 각각 35% (= 232.8/661.6)와 32% (= $5,520,155/17,105,242$)인 것으로 평가됩니다. 이 경우에서는 회귀대체가 상당히 효과적입니다.

그러면 이번에는 처리 이후에 추적 조사된 1978년 실소득 re78에 대하여 100개 개체에서 어떤 변수 값과도 무관하게 결측을 임의적으로 생성시킨 MCAR 모의 상황에 앞의 회귀대체와 평균대체를 적용해보겠습니다. 다음은 re78 결측값에 대한 회귀대체와 평균대체의 평균오차(me)와 평균제곱오차(mse)입니다.

회귀대체: me = 91.8, mse = 42,809,207.

평균대체: me = 112.1, mse = 40,548,319.

평균대체에 비교하여 회귀대체의 me와 mse가 상대적으로 각각 82%와 106%이며, 따라서 이 경우에서는 회귀대체가 평균대체와 비슷한 것으로 평가됩니다. 이와 같은 결과는 회귀모형의 적합도가 별로 좋지 않은 경우 생길 수 있습니다.

3) 회귀나무에 대하여는 허명회 · 이용구 (2008). ≪데이터 마이닝 모델링과 사례≫ (제2판), 한나래, 2장 참조.

다음은 이제까지의 계산과정을 보여주는 R 프로그램입니다. 회귀나무의 적합을 위해 rpart 팩키지를 활용하였습니다.

```
# Imputation of Lalonde data, "regression rpart imputation.r"
library(rpart)
library(rrp)
data(LL)
str(LL)
# missing completely at random in re74
X <- LL
n <- dim(X)[1]
nmiss <- 100
set.seed(123)
miss <- sample(1:n,nmiss)
for(i in miss) X[i,7] <- NA
rpart.re74 <- rpart(X[,7] ~ X[,1]+X[,2]+X[,3]+X[,4]+X[,5]+X[,6]
                            +X[,8]+X[,9]+X[,10])
re74.fit <- predict(rpart.re74, LL)
diff.1 <- re74.fit[miss]-LL[miss,7]
X[miss,7] <- mean(LL[-miss,7],na.rm=T)
diff.0 <- X[miss,7]-LL[miss,7]
mse <- function(e) sum(e*e)/nmiss
(mse1 <- round(mse(diff.1)))
(mse0 <- round(mse(diff.0)))
round(mse1/mse0,2)
(me1 <- mean(diff.1))
(me0 <- mean(diff.0))
round(me1/me0,2)
# missing completely at random in re78
X <- LL
n <- nrow(X)
nmiss <- 100
set.seed(123)
miss <- sample(1:n,nmiss)
for(i in miss) X[i,9] <- NA
rpart.re78 <- rpart(X[,9] ~ X[,1]+X[,2]+X[,3]+X[,4]+X[,5]+X[,6]
```

```
                                +X[,7]+X[,8]+X[,10])
re78.fit <- predict(rpart.re78, LL)
diff.1 <- re78.fit[miss]-LL[miss,9]
X[miss,9] <- mean(LL[-miss,9],na.rm=T)
diff.0 <- X[miss,9]-LL[miss,9]
mse <- function(e) sum(e*e)/nmiss
(mse1 <- round(mse(diff.1)))
(mse0 <- round(mse(diff.0)))
round(mse1/mse0,2)
(me1 <- mean(diff.1))
(me0 <- mean(diff.0))
round(me1/me0,2)
```

이번에는 1974년 실소득인 re74에서 결측인 100개 개체가 1975년 실소득 re75가 0인 289개 개체 군에서 집중적으로 출현한 MAR 모의 상황을 고려하겠습니다. 다음은 re74 결측값에 대한 회귀대체와 평균대체의 평균오차(me)와 평균제곱오차(mse)입니다.

회귀대체: me = 594.2, mse = 2,520,651.

평균대체: me = 4,043.3, mse = 1,7056,850.

회귀대체가 평균대체에 비교하여 me와 mse가 상대적으로 각각 15%와 15%입니다. re74에 대하여는 MAR 상황에서도 회귀대체가 상당히 효과적입니다.

처리 이후에 추적 조사된 1978년 실소득 re78에서 결측인 100개 개체가 1975년 실소득 re75가 0인 289개 개체 군에서 집중적으로 발생한 MAR 모의 상황에서는 다음 결과가 나왔습니다.

회귀대체: me = -89.6, mse = 33,281,517.

평균대체: me = 338.6, mse = 30,462,690.

평균대체에 비교하여 회귀대체의 me와 mse가 상대적으로 각각 26%(부호무시)와 109%입니다. 따라서 mse의 비교에서는 회귀대체와 평균대체가 비슷하지만 평균오차(me)에서는 회귀대체가 훨씬 나은 것으로 나타나는데 이는 MAR 상황에서 평균대체가 편향된 결과를 초래하기 때문입니다.

앞의 R 전체 프로그램에서 set.seed 명령문 이하 2줄을 다음으로 바꾸면 MAR 상황의 결측 패턴이 만들어집니다. 그 밖의 부분은 앞의 프로그램과 같습니다.

```
set.seed(123)
class.0 <- (1:n)[LL$re75 <= 0]
miss <- sample(class.0,nmiss)
```

이제까지는 결측값에 대한 대체값이 1개인 단일대체(single imputation) 방법을 설명하였습니다. 이 방법은 추정 결과를 만드는 데 있어서는 별 문제가 없으나 각 변수의 분산이 과소하게 추정되는 폐단이 있습니다. 다중대체(multiple imputation) 방법은 이를 극복하기 위한 결측값 대체법으로 대체 자료를 다섯 벌 정도 생성해냅니다. 이 방법은 이 강의록의 수준을 넘어서므로 다루지 않겠습니다.

4. NI 상황

항목 무응답에 대한 대처에서 남은 문제는 NI(Not Ignorable) 상황입니다. NI 상황에서는 변수 값 자체가 원인이 되어 무응답이 됩니다. 예를 들어 소득이 너무 많기 때문에 소득 값이 결측되는 경우입니다. 또는 야당 후보를 지지하기 때문에 선호후보를 밝히지 않은 경우입니다. 이런 상황에서는 자칫 회귀대체에만 의존하다가 큰 코 다칠 수 있습니다.

NI 상황인가 또는 아닌가를 알기 위해서는, 쉽지 않은 일이지만 무응답자를 일부 추출하여 심층면접을 해볼 필요가 있습니다. 또는 다른 방법으로 접근하여 재조사를 해볼 필요가 있습니다. 이런 추가적 노력을 통해 얻는 정보는 정성적이어서 조사결과의 수정에 쓰기 어렵습니다만 정량적 조사결과의 해석 및 활용에서 방향을 제시해준다는 점에서 충분한 가치가 있습니다.

질문/문제

1. 인구주택 총조사(Census)에서도 조사되지 않는 사람들이 있습니다. 어떤 케이스가 있을까요?

2. 한 전화조사에서 1,505명에 대해 면접을 완결하였으나 469명에 대하여는 부분 면접만 할 수 있었고 1,607명은 조사를 거절하였다고 합니다. 이 외에 1,995개의 번호는 부재 또는 통화중이었던 것으로 집계되었습니다. 이 조사에서 AAPOR의 RR4 응답률은 얼마인가요? 응답률에 대한 AAPOR의 다른 정의를 알아보고 그 정의에서는 얼마라고 할 수 있는지 계산해보세요.

3. (5장 질문/문제의 2번 강의평가 질문지에서 연속됨) 마지막 질문 "강의 전반에 관한 소감을 자유 형식으로 써주세요"에 대하여 50%의 수강생이 무응답하였다고 합니다. 이에 대한 MCAR, MAR, NI 상황의 예(시나리오)를 들어보세요.

7장. 조사결과의 보고 Reporting Survey Result

조사자료에 대해 통계적 분석을 하고나면 그 결과를 엮어 조사결과 보고서가 작성됩니다. 이 과정에서 조사자는 자신의 조사연구가 일정한 과학적 기준에 맞도록 보고해야 하며 이를 위하여 몇 개의 기본 원칙을 준수해야 합니다. 이 장에서는 과학적 부정, 최소공개기준, 원자료 보호와 활용 등의 이슈를 다루겠습니다.

1. 조사부정과 최소공개기준

우리나라에서 과학적 부정(scientific misconduct)이 황우석 사건으로 큰 사회적 이슈가 된 일이 있었습니다만 그 건은 실험연구와 관련된 것이었습니다. 조사연구에서는 아직 그만한 건이 없었으나 논란의 소지는 충분히 있습니다.

1) 날조(捏造, fabrication): 조사자가 특정 목적을 위하여 자료를 "만드는(make up)" 행위입니다. 면접원이 실제 응답자로부터 응답을 취하지 않고 설문지를 가공 기입하는 경우도 이에 포함됩니다.

2) 변조(變造, falsification): 고의로 자료일부를 편집하는 일, 또는 고의로 타당하지 않은 분석절차를 사용하거나 조사결과를 다르게 공표 · 보고하는 행위입니다.

3) 표절(剽竊, plagiarism): 조사 자료와 결과는 일종의 지적 자산(intellectual property)입니다. 따라서 타인의 자료 또는 결과를 허락 없이 사용하는 것은 일종의 절도 행위입니다.

자료의 수집, 편집과 분석 시 약간의 부주의가 큰 부정 의혹을 부를 수 있습니다. 따라서 조사자는 각 과정별 · 일정별 기록을 철저히 해야 할 필요가 있습니다. 실험연구자들이 연구 노트를 작성하듯이 조사연구자들은 조사 노트를 작성해야 합니다.

조사책임자는 조사에 참여하는 조사원(면접원) 및 연구원에 일정한 윤리교육을 시행하고 정상적인 절차가 진행되고 있는지 점검해야 합니다. 전화조사의 경우에는 실사감독자가 면접실 CATI 감청장비를 활용하여 면접원별 처리상황을 확인합니다. 면대면 조사의 경우에는 실사감독자가 회수 질문지 일부를 재추출하여 전화로 확인 작업을 합니다.

조사결과의 공표 시에는 일정한 기준을 지켜야 합니다. 다음은 미국여론조사협회(AAPOR, American Association for Public Opinion Research)의 최소공개기준(minimal disclosure standards)입니다.

- 조사의 후원자와 주관자
- 조사 설문지 (질문과 답항, 지시문과 설명문 포함)
- 표본추출 프레임
- 표본추출 방법
- 표본의 크기, 선별 절차 및 응답률 등
- 조사의 정확도에 대한 정보 (추정 절차 및 표본추출 오차, 가중치 등)
- 표본 일부만 실제 사용된 경우
- 자료수집 방법, 장소 및 일시

다음은 AAPOR이 제시한 한 예입니다 (`http://www.aapor.org/`).

조사후원	The ABC Magazine, The XYZ Custom Research
조사주관	The XYZ Custom Research
모집단	미국 내 성인
표본크기	1,001
자료수집방식	전화 (RDD 유선전화 및 무선전화)
표본추출	확률
자료수집기간	2009/04/03 – 2009/04/07
총표본 추출오차범위	±3.1% (신뢰수준 95%)
부표본 추출오차범위	±4.3% (신뢰수준 95%), 소득정산자 그룹
가중치	적용
응답률	15 % (AAPOR RR4)
추가정보	Susan G. Survey, The ABC Magazine (123)456-7890, survey@magazine.com

2. 원자료의 보호와 활용

조사 원자료(raw data)는 통계적 용도 이외의 목적으로는 쓰일 수 없습니다. 따라서 조사자는 응답자의 개인정보와 응답내용이 외부에 알려지지 않도록 원자료를 보호할 책임이 있습니다.

한편으로 원자료는 다른 시각과 방법에 의한 재분석의 필요가 생깁니다. 또한 메타분석(meta analysis)을 위하여 원자료를 쌓아 놓을 필요가 있습니다. 조사자료는 크게 보면 사회의 공동자산입니다.

원자료의 보호와 활용은 서로 충돌합니다. 예컨대 우리나라 인구주택총조사의 경우 조사표에 온갖 개인정보가 들어가 있는데 그것이 외부에 그대로 노출된다면 큰 일이 날 것입니다. 그러나 그런 일을 너무 우려하여 많은 문항을 삭제하여 외부 연구자에 제공한다면 자료 활용도는 심하게 제약될 것입니다.

따라서 중간점에서 절충을 취하는 수밖에 없습니다. 원자료를 적절한 수준에서 마스킹(masking, 얼굴가림)하여 누구의 응답인지가 겨우 드러나지 않도록 최소의 가림 조치만 해야 합니다. 이와 관련하여 최근 많은 조사연구가 이루어지고 있습니다.

3. 조사결과의 해석

조사는 실험과는 달리 있는 그대로를 관찰하는 연구 방법입니다. 따라서 특별한 경우를 제외하고는 인과적 추론(causal inference)을 할 수 없습니다. 예컨대 현재의 흡연여부와 건강상태를 조사한 결과 다음과 같이 나온 경우를 생각해봅시다.

	Healthy	Not H.	Total
Smoking	60	40	100
No smoking	40	60	100
Total	100	100	200

이것으로부터 흡연자가 더 건강하다고 말할 수는 있습니다.[1] 그러나 흡연이 사람을 더 건강하게 한다고 말할 수는 없습니다.

조사 결과의 요약은 흔히 2차원 교차표(two-dimensional cross-tabulation)의 형태

1) 건강한 사람들의 흡연율이 더 높다고 말하는 것이 좋겠습니다.

로 제시됩니다. 행(行, row)은 인구사회적 그룹으로 하고, 열(列, column)은 문항 반응으로 하여 행과 열의 관계를 살펴보게 됩니다. 그러나 2차원 교차표는 한 번에 두 변수 간 관계를 보여줄 뿐이어서 제3의 변수(배경변수, background variable)의 역할이 간과되는 경우가 있습니다. 예를 보도록 할까요?

연령 그룹과 지지후보 간 관계 교차표가 다음과 같이 나왔다고 합시다.

	후보 A	후보 B	Total
Young	60	40	100
Old	40	60	100
Total	100	100	200

이로부터 Young 그룹의 후보 A 지지율이 Old 그룹에 비하여 높다고 말할 수 있습니다. 그런데 학력(High/Low) 변수를 부차적으로 고려해보면 다음과 같이 된다고 합시다.

	후보 A	후보 B	Total
Young High	48	32	80
Young Low	12	8	20
Old High	8	12	20
Old Low	32	48	80
Total	100	100	200

위 표는 Young 그룹에서 후보 A에 대한 지지율은 학력과 아무 관련이 없음을 보여줍니다. Old 그룹에서도 그렇습니다. 그런데 위 표를 학력 대 후보의 2차원 교차표로 정리해 봅시다.

	후보 A	후보 B	Total
High	56	44	100
Low	44	56	100
Total	100	100	200

그런데 이 표만 보면 학력과 지지후보 간 관계가 있는 것처럼 보입니다. 고학력(High) 그룹에서 후보 A 지지율이 더 높다는 것이 사실이 아닌 것은 아닙니다만 마치 학력이 후보선택에 영향을 주는 것처럼 해석되어서는 곤란합니다. 이것은 Young 그룹의 후보 A 지지율이 Old 그룹에 비하여 높고 다음 표와 같이 단지

Young 그룹의 학력수준이 Old 그룹의 학력수준에 비하여 높아서 생기는 착시 현상이기 때문입니다.

	High	Low	Total
Young	80	20	100
Old	20	80	100
Total	100	100	200

교차표가 관측 현상을 명백히 보여주는 것은 사실입니다. 그러나 어떤 형태와 차원의 교차표를 만들어 볼 것인가는 전적으로 연구자의 통찰력에 달려 있습니다.

4. 프리젠테이션

조사를 마치면 그 결과를 프리젠테이션 하게 되기 마련입니다. 예전에는 통상 오버헤드 프로젝터와 투명 플라스틱 필름을 썼습니다만 요즘은 대개 노트북 PC, 파워포인트와 빔 프로젝터를 사용합니다. 예전에 비해 대개는 좋아졌지만 한 가지 점에서는 나빠졌습니다. 그 한 가지는 발표자가 시선을 스크린에 둠으로써 청중과 눈 맞춤(eye contact) 커뮤니케이션이 소홀해지는 경향이 생겼다는 점입니다. 발표자는 (스크린이 아니라) 노트북 화면과 청중에 시선을 두어야 합니다.

프리젠테이션은 청중이 누구이냐에 따라 달라집니다. 조사 결과의 프리젠테이션에서는 크게 두 가지 경우가 있습니다.

자료 사용자를 대상으로 하는 경우: 조사 내용과 결과의 전달에 치중하게 됩니다. 그렇다고 조사 모집단, 프레임과 표본추출, 표본의 크기, 조사방식, 응답률 등 조사방법론 관련 기본 사항을 생략할 수는 없습니다.

조사방법론 전문가를 대상으로 하는 경우: 조사 모집단, 프레임과 표본추출, 표본의 크기, 조사방식, 응답률 등 조사방법론 관련 기본 사항은 물론 가중치 산출, 결측값 처리 등 기술(技術)적 부분에 중점을 두게 됩니다.

따라서 어떤 사람들을 대상으로 하는 프리젠테이션인가를 사전 파악해야 합니다.

프리젠테이션에서 유용한 팁(tip)들은 너무 많아서 여기에는 정말 중요한 몇 가지만 적을 수밖에 없습니다.

- 시간 준수. 발표에 주어진 시간을 알아보고 이에 맞는 분량을 준비합니다. 1분에 1매 정도가 적절합니다.

- 품위와 절제. 발표 내용과 별 관련 없는 사진과 동영상은 청중의 집중력에 방해가 됩니다.
- 글자 크기. 맨 마지막 줄의 청중이 어렵지 않게 볼 수 있을 정도로 글자가 커야 합니다.
- 역지사지(易地思之). 자신이 프리젠테이션을 받는 입장이라고 생각해보세요.
- 시간엄수. 아무리 강조해도 지나침이 없습니다.

8장. 조사방법론 연구 SURVEY METHODOLOGY RESEARCH

조사방법론 연구, 재미 있습니다. 다양합니다. 어렵지 않습니다. 어느 분야의 연구이건 그 분야의 연구를 하려면 그 분야에서 어떤 새로운 연구들이 나오고 있는가, 어떤 활동을 하고 있는가를 보는 것이 첩경입니다. 조사방법론 연구와 관련된 대표적인 국내외 학회 또는 전문가 협회를 소개합니다.

국내:

- 한국조사연구학회. `http://www.kasr.org/`. ≪조사연구≫ 발간.
- 한국통계학회. `http://www.kss.or.kr/`. ≪응용통계연구≫, ≪한국통계학회 논문집≫ 등 발간.
- 통계청. `http://kostat.go.kr/`. ≪통계연구≫ 발간.
- 한국조사협회(KORA). `http://www.ikora.or.kr/`.

국외:

- American Association for Public Opinion Research. `http://www.aapor.org/`. *Public Opinion Quarterly* 발간.
- Statistics Canada (캐나다 통계청).
  `http://www.statcan.gc.ca/`. *Survey Methodology* 발간.
- American Statistical Association Survey Research Section.
  `http://www.amstat.org/sections/srms/`.
- European Society for Opinion and Marketing Research (ESOMAR.)
  `http://www.esomar.org/`.
- Council of American Survey Research Organizations (CASRO).
  `http://www.casro.org/`.

참고 및 관련 문헌 References and Bibliography

참고문헌(References)

강현철, 한상태, 김지연, 정용찬, 허명회 (2008). “RDD 전화조사와 주요결과”, 《조사연구》 **9**(1), 1-22.

김세용, 허명회 (2009). “전화조사의 체계적 편향: 2007년 대통령선거 여론조사들에 대한 메타분석” 《응용통계연구》, **22**(2), 375-385.

김영원, 류제복, 박진우 譯 (2007). 《표본조사의 이해와 활용》 (원저: *Elementary Survey Sampling* by R.L. Scheaffer, W. Mendenhall and L. Ott), 교우사.

김원영 譯 (2003). 《민주주의와 공론조사》 (원저: *Democracy and Deliberation* by J. Fishkin), 이화여자대학교 출판부.

성내경 (2000). 《표본조사방법론》. 자유아카데미.

조성겸, 허명회 (2009). 인터넷 자원자 표본에 대한 추정방법 연구, 통계청 연구보고서.

허명회 (2007). 《R을 활용한 탐색적 자료분석》. 자유아카데미.

허명회 (2008). 《SPSS 척도화 분석과 비모수적 방법》, SPSS Korea.

허명회, 김지연, 이양훈 (2009). “패널 이탈과 조건화의 영향: KBS-MBMR의 2007년 대통령 선거 패널조사 사례”, 《조사연구》, **10**(1), 73-89.

허명회, 이용구 (2010). “유한 순서 열의 임의화”, 《응용통계연구》, **23**(1), 189-196.

허명회, 이용구 (2008). 《데이터 마이닝 모델링과 사례》 (제2판), 한나래.

허명회, 임여주, 노규형 (2003). “전화조사에서 재통화 규칙준수와 응답자 임의선택의 영향”, 《응용통계연구》, **16**(2), 247-259.

허명회, 황진모 (2006). “전화조사를 위한 시간균형할당추출”, 《조사연구》, **7**(2), 39-52.

Biemer, P.P., and Lyberg, L.E. (2003). *Introduction to Survey Quality*, Wiley, New Jersey.

Dillman, D.A. (2000). *Mail and Internet Surveys: The Tailored Design Method* (Second Edition), Wiley, New York.

Fishkin, J.S., Luskin, R.C. and Jowell, R. (2000). "Deliberative polling and public consultation". *Parliamentary Affairs*, **53**, 657-666.

Groves, R.M., Fowler Jr., Couper, M.P., Lepkowski, J.M., Singer, E., and Tourangeau, R. (2004). *Survey Methodology.* Wiley, New York.

Groves, R.M., Cialdini, R.B., and Couper, M.P. (1992). "Understanding the decision to participate in a survey", *Public Opinion Quarterly*, **56**(4), 475-495.

Luskin, R.C., Fishkin, J.S., and Plane, D.L. (1999). "Deliberative polling and policy outcomes: Electric utility issues in Texas", The Center for Deliberative Democracy (Stanford University), Research Paper 2004.

Ryu, E., Couper, M.P., and Marans, R.W. (2005). "Survey incentives: Cash vs. in-kind; face-to-face vs. mail; response rate vs. nonresponse error", *International Journal of Public Opinion Research*, **18**(1), 89-106.

관련문헌(Bibliography)

아래 문헌 리스트는 제가 그동안 조사연구 관련하여 쓴 연구논문, 책, 연구보고서입니다 (年度順). 이 외에도 국내 많은 연구자들이 쓴 더 좋은 논문들이 《조사연구》, 《응용통계연구》, 《한국통계학회 논문집》등에 있습니다. 논문 읽기(Paper Reading) 세션에서 활용이 되었으면 합니다.

<u>연구논문</u>

허명회, 조성겸 (2010). "자원자 패널에 의한 인터넷 조사의 성향조정 가중화", 미발표논문.

김세용, 허명회 (2009). "전화조사의 체계적 편향: 2007년 대통령선거 여론조사들에 대한 메타분석", 《응용통계연구》 **22**(2), 375-385.

허명회, 김지연, 이양훈 (2009). "패널 이탈과 조건화의 영향", 《조사연구》 **10**(1), 73-89.

허명회, 김영원 (2008). "RDD 표본 대 전화번호부 표본: 2007년 대통령 선거 예측 사례", 《조사연구》 **9**(3), 55-69.

허명회, 이용구 (2008). "선거 여론조사 자료의 표준적 요약과 시각화", 《응용통계연구》 **21**(5), 845-854.

허명회 (2008). "국회의원 선거에서의 주요정당 의석 수 예측", 《조사연구》 **9**(1), 87-100.

강현철, 한상태, 김지연, 정용찬, 허명회 (2008). "RDD 전화조사와 주요결과", 《조사연구》 **9**(1), 1-22.

허명회 (2007). "여론조사 방법론: 과제와 전망", 《통계》(대한통계협회) **33**(1), 27-36.

허명회, 황진모 (2006). "전화조사를 위한 시간균형할당표본추출", 《조사연구》 **7**(2), 39-52.

허명회 (2005). "시청률 조사 검증의 탕법과 영역", 《시청률조사검증의 현재와 미래》(허명회, 박정래, 오세성, 조성호 편), 한국방송광고공사, 17-81.

허명회, 윤영아, 김규성 (2005). "2차원 기준 반복비례가중법 연구", 《통계연구》 **10**(1), 1-22.

허명회, 윤영아, 이용구 (2004). "사회조사에서 표본의 왜곡과 가중치 보정의 결과: 18개 사례 연구", 《조사연구》 **5**(2), 31-47.

허명회, 강용수, 손은진 (2004). "사회조사에서 조사방법에 따른 가중 칸 설정에 관한 연구: 전화조사, 인터넷 조사, 모바일 조사", 《조사연구》 **5**(1), 1-26.

허명회, 임여주, 노규형 (2003). "전화조사에서 재통화 규칙준수와 응답자 임의선택의 영향", 《응용통계연구》 **16**(2), 247-259.

심영상, 허명회 (2002). "한국노동패널조사에서 표본이탈에 대한 통계적 모형화 및 활용", 《응용통계》(고려대학교 통계연구소), 17권 31-46.

허명회 (2002). "선거여론조사 방법론 소고", 《한국분류학회지》 5권, 109-119.

홍내리, 허명회 (2001). "제 16대 국회의원 선거의 예측조사에 대한 사후적 검증", 《조사연구》 **2**(1), 1-35.

서혜선, 허명회 (1997). "당선자 수에 관한 구간예측: 4 · 11 총선 사례를 중심으로", 《한국분류학회지》 1권, 57-68.

연구보고서

조성겸, 허명회 (2009). 인터넷 자원자 표본에 대한 추정방법 연구. 통계청 정책연구 보고서.

허명회, 오세성, 한상태, 강현철, 이성건, 염성원 (2008). 시청률 조사에 대한 검증 연구. 방송통신위원회 지정연구 보고서. [책임, 비공개]

허명회, 한상태, 강현철 (2007). TV시청환경 전화조사 개선방안 연구. 방송위원회 지정연구 보고서. [책임]

정용찬, 오세성, 최양수, 허명회 (2007). 시청률조사제도 개선방안 연구. 방송위원회 정책연구 보고서.

허명회, 조성호, 한상태, 강현철 (2007). TV 시청률 조사에 대한 검증 연구. 한국방송광고공사 연구보고서. [책임, 비공개]

허명회, 이인규, 조성호, 김규성, 강현철, 양경숙, 오세성 (2006). TV 시청률 조사에 대한 검증 연구. 한국방송광고공사 연구보고서. [책임, 비공개]

허명회, 조성호, 김규성, 강현철, 양경숙, 오세성 (2005). TV 시청률 조사에 대한 검증 연구. 한국방송광고공사 연구보고서. [책임, 비공개]

허명회, 조성호, 김규성, 강현철, 양경숙, 오세성 (2004). TV 시청률 조사에 대한 검증 연구. 한국방송광고공사 연구보고서. [책임, 비공개]

허명회, 한상태, 조성호, 강현철, 최병진, 오세성 (2003). TV 시청률 조사에 대한 검증 연구. 한국방송광고공사 연구보고서. [책임, 비공개]

허명회, 조성호, 최용석, 한상태 (2002). TV 시청률 조사에 대한 검증 연구. 한국방송광고공사 연구보고서. [책임, 비공개]

허명회, 박진우, 조성호, 김규성, 최용석, 양경숙 (2001). TV 시청률 조사에 대한 검증 연구. 한국방송광고공사 연구보고서. [책임, 비공개]

오택섭, 허명회, 박진우, 박진우, 조성호, 김규성, 이창현, 양경숙 (2000). TV 시청률 조사에 대한 검증 연구. 한국방송광고공사 연구보고서. [공동책임, 비공개]

책

허명회 (2002). 《SPSS 설문지조사 입문》, 한나래.

허명회 (1998). 《사회여론조사》, 자유아카데미.

허명회 (1995). 《통계조사의 길잡이》, 자유아카데미.

POQ 리스트

아래 문헌 리스트는 제가 《사회여론조사》에서 정리한 *Public Opinion Quarterly* (American Association for Public Opinion Research 발간)의 1996년까지의 연구논문들입니다. 그 이후 논문들에 대하여는 아직 정리를 못했습니다. 영어 원문과 비교하여 읽기를 권합니다.

Bishop, G.F., and Fisher, B.S. (1995). "Secret Ballots and Self-Reports in an Exit-Poll Experiment", *Public Opinion Quarterly*, **59**, 568-588. 출구조사의 두 방식 비교 (출구면접과 모의투표함, 8절)

Catania, J.A., Binson, D., Canchola, J., Pollack, L.M., Hauck, W., and Coates, T.J. (1996). "Effects of interview gender, interviewer choice, and item wording on responses to questions concerning sexual behavior", *Public Opinion Quarterly*, **60**, 345-375. 성생활에 관한 전화조사 (면접원의 성과 어구에 의한 차이, 15절)

Church, A.H. (1993). "Estimating the effect of incentives on mail survey response rates: A meta-analysis", *Public Opinion Quarterly*, **57**, 62-79. 인센티브가 응답률에 주는 효과 (우편조사에서의 메타분석, 6절)

Dillman, D.A., Singer, E., Clark, J.R., and Treat, J.B. (1996). "Effects of benefits, mandatory appeals, and variations in statements of confidentiality on completion rates for census questionnaires", *Public Opinion Quarterly*, **60**, 376-389. 미국의 센서스 관련 연구 (사회적 편익이냐, 법적 의무냐, 13절)

Erikson, R.S., and Siegelman, L. (1995). "Poll-based forecasts of midterm congressional election outcomes: Do the pollsters get it right?", *Public Opinion Quarterly*, **59**, 589-605. 선거예측, 정확한가? (미국 하원 중간선거의 경우, 7절)

Freedman, P., and Goldstein, K. (1996). "Building a probable electorate from preelection polls", *Public Opinion Quarterly*, **60**, 574-587. 선거에서 투표할 사람 (투표가능성의 확률, 16절)

Gilljam, M., and Granberg, D. (1993). "Should we take don't know for an answer?" *Public Opinion Quarterly*, **57**, 348-357. 모르겠다 (스웨덴의 여론조사에서, 1절)

James, J.M., and Bolstein, R. (1990). "The effect of monetary incentives and follow-up mailings on the response rate and response quality in mail surveys", *Public Opinion Quarterly*, **54**, 346-361. 우편조사에서의 응답률 (금전적 인센티브와 후속우편의 효과, 4절)

Jowell, R., Hedges, B., Lynn, P., Farrant, G., and Heath, A. (1993). "The 1992 British election: The failure of the polls", *Public Opinion Quarterly*, **57**, 238-263. 영국의 1992년 총선거 예측 (어디서 잘못되었나, 9절)

Krysan, M., Schuman, H., Scott, L.J., and Beatty, P. (1994). "Response rates and response content in mail versus face-to-face surveys", *Public Opinion Quarterly*, **57**, 381- 399. 우편조사와 면접조사의 비교 (응답내용에서의 차이, 3절)

Milavsky, J.R. (1992). "How good is the A.C. Nielsen People-Meter System? : A review of the report by the committee on nationwide television audience measurement", *Public Opinion Quarterly*, **56**, 102-115. TV 시청률 조사 (피플미터 시스템의 허와 실, 11절)

Rosa, E.A., and Dunlap, R.E. (1994). "Nuclear power: Three decades of public opinion", *Public Opinion Quarterly*, **58**, 295-325. 원자력 발전 (여론의 추세 및 사회적 딜레마, 12절)

Singer, E., Mathiowetz, N.A., and Couper, M.P. (1993). "The impact of privacy and confidentiality concerns on survey participation", *Public Opinion Quarterly*, **57**, 465-482. 사생활 및 기밀성의 침해 (미국 센서스의 경우, 2절)

Tourangeau, R., and Smith, T. (1996) "Asking sensitive questions: The impact of data collection mode, question format, and question context", *Public Opinion Quarterly*, **60**, 275-304. 민감한 질문과 컴퓨터 면접 (섹스파트너 수를 묻는다면, 14절)

Voss, D., Gelman, A., and King, G. (1995). "Preelection survey methodology: Details from eight polling organizations, 1988 and 1992", *Public Opinion Quarterly*, **59**, 98-132. 미국의 대통령 선거 예측 (전화조사의 전형, 10절)

Willmack, D.K., Schman, H., Pennel, B-H, and Lepkowski, J.M. (1995). "Effects of a prepaid nonmonetary incentive on response rates and response quality in a face-to-face survey", *Public Opinion Quarterly*, **59**, 78-92. 면접조사에서의 응답률 (비금전적 인센티브의 효과, 5절)

찾아보기

자료 파일

R 스크립트:

p.46 ... rim weighting proto prgram.r
p.48 ... rim weighted analysis program.r
p.52 ... simple random sampling.r
p.61 ... systematic sampling.r
p.64 ... access-list sampling
p.68 ... pps sampling
p.97 ... cronbach alpha.r
p.99 ... scale equating.r
p.108 .. regression rpart imputation.r

자료셋(dataset):

p.45 ... survey 0011.csv
p.64 ... access-list-weighted.csv
p.97 ... tv-survey.csv

실습파일들은 출판사 홈페이지 http://www.freeaca.com에서 내려받을 수 있습니다. 문제가 있으면 저자에 메일로 요청하시기 바랍니다 (stat420@korea.ac.kr).

* R의 프로그램 소스는 http://www.r-project.org/에서 내려받을 수 있습니다.

| 저자 약력 |

허명회(許明會)
서울대학교 자연과학대학 계산통계학과 (졸업)
미국 스탠포드대학교 대학원 통계학과 (통계학 박사)
현 : 고려대학교 정경대학 통계학과 교수
E-mail: stat420@korea.ac.kr

저 서

R을 활용한 탐색적 자료분석
다변량 수량화
사회과학을 위한 통계적 방법
수리통계학 강의
탐색적 자료분석
통계적 개념 · 방법 · 응용
통계조사의 길잡이
행렬의 이해와 계산
외 여러 권

조사방법론 강의

| 저 자 허명회
| 발 행 인 김지영
| 발 행 처 자유아카데미
| 주 소 경기도 파주시 회동길 37-42
파주출판도시
| 전 화 031-955-1321
| 팩 스 031-955-1322
| 홈페이지 www.freeaca.com
| 전자우편 main@freeaca.com(대표)
editor@freeaca.com(편집)
crm@freeaca.com(영업)
| 등 록 제406-2003-017호, 1980. 7. 12
| 제1판1쇄 2010년 5월 20일 발행
| 제1판2쇄 2019년 12월 20일 발행
| 정 가 10,000원

ISBN 978-89-7338-829-5 93310